U0303524

科学人文名著译丛

*To Save the Phenomena*

*An Eassy on the Idea of Physical Theory from Plato to Galileo*

Pierre Duhem

# 拯救现象

## 论从柏拉图到伽利略物理学理论的观念

〔法〕皮埃尔·迪昂 著

庞晓光 译

商务印书馆
创于1897　The Commercial Press

Pierre Duhem

**TO SAVE THE PHENOMENA**

**An Eassy on the Idea of Physical Theory from Plato to Galileo**

Translated by Edmund Doland and Chaninah Maschler,

The University of Chicago Press

© 1969 by The University of Chicago.

本书据芝加哥大学出版社1969年版译出

# 科学人文名著译丛
# 出版说明

　　当今时代，科学对人类生活的影响日增，它在极大丰富认识和实践领域的同时，也给人类自身的存在带来了前所未有的挑战。科学是人类文明的重要组成部分，有其深刻的哲学、宗教和文化背景。我馆自20世纪初开始，就致力于引介优秀的科学人文著作，至今已蔚为大观。为了系统展现科学文化经典的全貌，便于广大读者理解科学原著的旨趣、追寻科学发展的历史、探讨关于科学理论与实践的哲学，从而真正理解科学，我馆推出《科学人文名著译丛》，遴选对于人类文明产生过巨大推动作用、革新人类对于世界认知的科学与人文经典，既包括作为科学发展里程碑的科学原典，也收入了从不同维度研究科学的经典，包括科学史、科学哲学和科学与文化等领域的名著。欢迎海内外读书界、学术界不吝赐教，帮助我们不断充实和完善这套丛书。

# 目　　录

英译者说明（查宁埃·马舍勒）/ 1

引论（斯坦利·L. 雅基）/ 3


前言 / 25

1. 希腊科学 / 27

2. 阿拉伯哲学和犹太哲学 / 55

3. 中世纪基督教的经院哲学 / 70

4. 哥白尼之前的文艺复兴 / 84

5. 哥白尼和雷蒂库斯 / 106

6. 从奥西安德尔的序言到格列高利历法改革 / 114

7. 从格列高利历法改革到伽利略审判 / 151

结论 / 181


索引 / 186

# 英译者说明

埃德蒙·多兰修士（Brother Edmund Dolan）和我各自独立完成了迪昂的《论从柏拉图到伽利略物理学理论的观念》的翻译。他友好地将他自己的译稿交由我处理，这大体上完善了我的译本。然而，他不对本书的错误负责。

查宁埃·马舍勒（Chaninah Maschler）

# 引　论

斯坦利·L. 雅基（Stanley L. Jaki）

　　1908年，接连五篇文章发表在一个感召力相当有限的期刊《基督教哲学年鉴》上。文章的标题带着十足学者气，根本没有期待受到广泛关注。不过，最后一篇文章一发表，所有的文章就独立成册，由具有声望的巴黎出版社 A. 赫尔曼和菲尔斯出版。出版如此迅捷，显然是对作者——波尔多大学的理论物理学教授皮埃尔·迪昂（Pierre Duhem, 1861—1916）——才智水准的赏识。很明显，在这些论物理学理论意义的文章中，迪昂所希望传达的东西似乎值得引起全世界学者的关注。

　　那时法语是全世界知识分子交流的首要工具，即使现在，随着英语作为通用媒介取代法语，通晓法语仍然是学问的基本要素。因此，设想迻译50年前的著作，而且是从法语译成英语，其目的不仅仅在于影响学术爱好者——这是很自然的。学者们可以很容易地利用原著，因为迪昂这本主标题使用希腊语ΣΩZEIN TA ΦAINOMENA，副标题为 *Essai sur la notion de thérie physique de Platon à Galilée* 的带有学者风范的小书的复印件，已被大多数图书馆收录。

现在是充分面对迪昂思想核心方面的时候了，把这本书译成英文将很好地服务于这个目的。从最广泛的视角来看，这本书的思想主旨是文化上的。然而，迪昂没有在任何一篇关于文化和科学的通俗文章中阐述它，因为这些文章通常是为了谋利而不是真正的启蒙。迪昂重要的思想主旨，收录在与科学史和科学哲学有关的非常学术性的出版物中，这些出版物熟练地分析了科学概念发展的早期和近期阶段——这并不是说迪昂认为他自己是科学史家，尽管毫无疑问他是最伟大的科学史家之一；也不是说迪昂认为自己是哲学家，尽管他的思想具有一种罕见的哲学洞察力和敏锐性。

在迪昂自己看来，他一直是一位物理学家，即使当他致力于物理学哲学和物理学史方面的不朽研究时也是如此。这些领域比他工作得同样出色的物理学领域更容易给他带来声誉和认可。然而，他却从未得到他那个时代授予法国物理学家公认的最高名衔——巴黎物理学教席。相当具有讽刺意味的是，他只需表示自己可以接受法兰西学院刚创立的科学史教授的职位，可是他用下述表白选择放弃这个机会："无论我在巴黎教授理论物理学，还是不再返回巴黎，我都是一名理论物理学家。"

迪昂再没有回到巴黎。他在师范学校的学习和研究结束后，过着"流亡的生活"，在不同的法国地方大学任教。波尔多大学理论物理学的教授职务是他的第三个，也是最后一个教学工作，这是在里尔大学和雷恩大学做相当短暂的停留后获得的职务。正是从波尔多起，他试图影响物理学的走向，这一走向从物理学的经典时期就开始出现了。尽管他在波尔多可以著书、写文章，但是最优秀的学生在巴黎，并且那里也有科学的"当权派"。他们的一致意见很难被外省动摇。巴黎最有影响的科学家也不愿意聆听迪昂的见解。事实上，迪昂的观点被一道缄默之墙挡住，这道墙从他提交博士论文的那一刻就精心地竖立起来了。正常情况下，在获得他的学士学位（licence）之前就已经完成博士论文的23岁的作者，必定有辉煌的未来。博士论文论述了热力学势在化学和电学中的应用。更重要的是，它同时反驳了化学家贝特洛（Berthelot）钟爱的理论最大功原理，此前20年贝特洛一直试图把该原理发展成物理化学的基础。贝洛特把迪昂的论文当作人身攻击，而且正是由于他的影响，论文被驳回了。

尽管打击是严重的，但是还不能说是致命的，因为在两年内，迪昂以其才华创作了另一篇论文"磁力理论的数学分析"。对迪昂而言，更大的损害是，不论他的科学结论论证得如何充分，却总是受到阻挠，这成为他科学生涯面临的困境。像其他人一样，科学家也有他们的弱点和敏感之处，并且有时为了保卫他们的声誉和地位，可能诉诸令人讨厌的伎俩，甚至以真理和进步为代价。贝特洛对迪昂的态度正是这样一个例子。此外，贝特洛在强大的中央集权的法国科学机构的权力结构中处于关键地位。他曾担任法国高等教育监察主任、公共教育部长、外交部长，从1889年起任颇有声望的法兰西学院的常设秘书之职。难怪他关于迪昂这位博士学位申请者的报复性的定论——"这个年轻人永远不能在巴黎任教"——受到持久的遵从。这句话也凝结了几位知名人士的怨恨，他们明显妒忌和怀疑迪昂的才能、精力和不妥协的性格。

因此，即使贝特洛已经变得随和了之后，在法国高等教育的行政界，迪昂仍然被说成是危险的、不遵守规则的人而受到疏远。迪昂的朋友，朱尔·坦纳里（Jules Tannery）曾这样总结迪昂面对的局面："讨厌大人物已经变成你身份的一部分。"

无论正确与否，迪昂令许多人头疼。他性格中最好的方面同样也是让他树敌的方面。他卓越的才华，加上绝对的正直、无私的奉献以及长期坚定不移地奋斗的热情，使他不仅赢得他的学生的无条件的钦佩（在他身上他们发现"有爱心的老师"），同时也遭到同辈的愤恨。不用说，他明显保守的政治观点和他深挚的天主教信仰，在第三共和国自由的和反教权的氛围中也不会给他带来好处。他坚持正义事业的愿望使他在不止一个场合甚至与他的朋友产生不和。在他看来，一项特别神圣的事业就是科学真理的纯洁性，他看到它受到了机械论的谬误和矛盾的威胁。事实上，他认为寻找宇宙的机械说明是"理论物理学最危险的绊脚石"。无论该陈述包含多少真理，它的迅猛推进只能疏远像让·巴蒂斯特·佩兰（Jean-Baptiste Perrin）这样的大多数人，他们认为原子物理学早期的胜利证明笛卡尔的自然机械论解释是正确的。

xii 在19世纪80年代，要充分意识到物理学中机械论谬误到处存在，需要有非同寻常的才干和独立的观点。毕竟，直到那时把可理解的等同于机械的，成为二百多年以来科学的基本信条。确实，在迪昂之前，拉格朗日（Lagrange）强有力地引导力学科学驶离那种机械意象的浅滩。安培（Ampère）在电学方面的工作也很好地展示了数学物理学的纯形式化的方面。早在1855年，热力学的前驱兰金（Rankine）就谈到能量学科学，并打算实现对物理学理论彻底的非力学化。迪昂1888年获得博士学位时，马赫对经典力学概念发展的坚持不懈的批判性分析已经进行了将近20年。

然而，所有的这些只是局部的艰难尝试。只有迪昂有勇气、耐力和才干在广阔的前沿彻底重铸理论物理学。在给人印象深刻的《简介》中，最能看出他努力的真实程度。该《简介》是迪昂在当选法国科学院最初六个非常设人员之一前提交给科学院的。这是在1913年，仅仅在他55岁早逝之前三年。130个印刷页的《简介》由两部分组成。头一部分是超出30页的迪昂的出版物目录，这是他庞大产量的强有力的证明。如果加上他最后3年的出版物，总共大约有30本书和将近400篇文章。对于任何一个对迪昂思想的充分可靠的叙述感兴趣的人来说，《简介》的第二部分是无价之宝。在那100多页中，迪昂提供了他在理论物理学和在与科学哲学和科学史相关的研究中，关于他的目的、动机和造诣的分析和总结。

《简介》只有20页专述他的哲学和历史著作——这是迪昂自我评价的真实反映。文件的头8页论述了他在理论物理学方面的研究。他把它们列在下述标题下：（1）能量学原理的编纂，（2）流体力学，（3）弹性体力学，（4）化学力学，（5）混合流体的平衡和运动，（6）摩擦和假平衡，（7）永久变化和滞后现象，（8）流电学、磁体和电介体，（9）电动力学和电磁学。

对在实验室和工业中"产生"的实际效果最感兴趣的科学家，会欣赏迪昂对冲击波和它们在黏滞流体中变化的开创性分析。迪昂的《流体动力学研究》随着超音速飞行的到来呈现出特殊的重要性，并且由法国航空部于1961年重印。液态理论家将重视迪昂关于与液晶等价系统的独创性思想。热力学家将极其重视迪昂的热力学原理的公理化。今天，人们普遍承认，迪昂与奥斯特瓦尔德（Ostward）、阿伦尼乌斯（Arrhenius）、范霍夫（Van't Hoff）以及勒沙特利埃（Le Chatelier）并列为物理化学的奠基人。实际上，迪昂的科学工作始于持续努力地在广义热力学基础上重建化学变化过程的理论基础。他的主要灵感来自美国物理学家、耶鲁的 J. W. 吉布斯（Joshua Willard Gibbs），并且在某种程度上正是通过迪昂的工作，吉布斯才在欧洲得到公认。

迪昂打算把物理学的所有主要分支包含在他的广义热力学内。在力学、流体力学和弹力中，他没有困难。在经典力学势和吉布斯广义热力学势之间的类比是很接近的。电动力学是另一个问题。在那里，迪昂同样发现了其他绊脚石。对于坚定反机械论的迪昂来说，日益统治舞台的麦克斯韦电磁理论，具有一些它自身的十分恼人的方面。即使拆除了力学模型脚手架的最终形式，麦克斯韦理论还是暴露出它的力学支柱。鉴于迪昂斗士的性格，几乎不可避免的是，他着手对这位伟大的苏格兰人的工作进行综合性的批判，这就是他在1902年出版的《J. 克拉克·麦克斯韦的电磁理论：历史的和批判的研究》。但是，在将要批判的麦克斯韦的伟大论文中，大部分内容由一些琐细的问题组成——符号错误、代数错误、术语使用的不一致，等等。坚持这样的细节，迪昂只不过表明了法国人对彻底的、一致的逻辑的热情洋溢之爱，他乐于赞美这种逻辑胜过讲求实际的盎格鲁－撒克逊人的进路。在迪昂看来，麦克斯韦的工作是后者的典型表现。效仿他的同胞彭加勒（Poincaré），迪昂把麦克斯韦的理论描述为缺乏统一性、确定性和充分组织的建筑物。在他眼中，它更确切地是一个中间带有走廊的临时建筑群，这些建筑是脆弱的或者有时是不存在的。正是由于迪昂的坚定信念，他本人的三卷《电磁教程》（1891—1892）呈现出更为逻辑的选择。这在某种程度上是正确的。迪昂的工作大量基于亥姆霍兹（Helmholtz）和卡尔·纽曼（Carl Neumann）的贡献，它对待泊松（Poison）的一些基本观点比对待麦克斯韦的讨论更公正，后者基于另一种传统，即从博斯科维奇到法拉第领导的传统。但是在最关键之处即电磁波的夹杂物上，迪昂虽说赢得了成功，但是采取的步骤却不得不以明显的不一致和笨拙的复杂性为代价。 xiv

　　迪昂完全意识到，他的声音是孤独的。正如他在给女儿的信中谈论的，在1913全年，他关于电的众多作品中只卖出了一本。他不承认失败。他确信，物理学的未来进程几乎会沿着他在《论能量》（1911）中勾勒的路线行进，他认为这是他对物理学最有意义的贡献。这实际上是一个令人困惑的评价，因为纵观该书沉甸甸的两大卷，没有一处提及原子。截至1911年，放射性已被发现十多年，能量学派的领导者奥斯特瓦尔德才开始承认原子的存在。几年以后，迪昂还在世时，马赫对原子的抵制也突然松动了——而且是在戏剧般的情况下。当维也纳物理学家斯忒藩·迈耶（Stefan Meyer）把闪烁屏带到身体不佳的马赫床边，并且让他对由镭的微粒在上面引起的发光的星点感到惊奇时，他对斯忒藩·迈耶说道："现在我相信原子的存在"。迪昂坚持到最后。他认为，不需要修正他的方法论的基本原理，即物理学理论不应当包含关于构成现象基础的物质层次性质的猜测。所说的那个层次，迪昂当然意指终极层次，当时人们认为原子代表那个层次。

在发现基本粒子第一阶段的令人兴奋的日子里，迪昂的不妥协很容易被归结为老年人对于现存状况的真实本性怀有偏见。然而，迪昂并不像那个时代的其他物理学家看来的那样错得离谱。不仅仅"不可分的"原子原来是由部分组成的，它的质量中心也是由更小的组分即质子和中子粘结在一起的，这一点不久就变得明显了。作为"基本粒子"的质子本身，从那以后不止一次给人以复杂本性的暗示。也是由于正电子的发现，科学首次瞥见反物质领域，于是由质子、中子以及电子构成的基本三位一体假定不得不倒塌。在最近三十年，物理学家已经发现，像这样只是在名义上是"基本的"粒子令人困惑地成倍增加。事实上，人们越来越感觉到，与其说一些新粒子可能是自然界的产物，还不如说是人类的产物。无论如何，现代物理学的基本粒子，已不再是迪昂时代那种意义上的粒子，即认为原子就是粒子。当物理学试图考虑带电的基本粒子与电磁场的相互作用时，它不再依赖于假定潜在的相互作用媒质的标准做法。这些相互作用的场所即量子电动力学的空虚空间是数学的虚构，它的唯一功能是"拯救现象"（save the phenomena）。

这并不是暗示，迪昂的方法论因此就被证明是正确的。那个方法论在不止一个方面具有属于它的时代和它的作者的不可挽救的缺点。事实上，在方法论上遵循迪昂通常是僵硬的戒规也许是蠢行。充分有效地应用它们将意味着放弃探寻更多的粒子，废弃比现有的还要大的加速器计划。虽然接连几代的加速器并没有带领人类到达物质的基本层次，但它们却赐予他们关于自然丰富性和复杂性的可信服的证据。然而，该结果同样表明，物理学研究中的模型构造、粒子探寻那部分不可能成为一项完全成功的、首尾一致的事业。作为教师、理论家、哲学家和科学史家的迪昂，由于他的试图从物理学中全然清除素朴实在论的那种禀性，使其似乎根本不可能实现。

迪昂对物理学中素朴实在论所有表现的圣战，使他不久便得到了实证主义者的标签。今天，总是经常将他与孔德（Comte）、马赫（Mach）、操作论者，甚至与他们的逻辑支脉可错论者混为一谈。然而，迪昂的实证论是有保留的实证论。它肯定与孔德实证论的那个方面，即将实证论转化为伪形而上学甚至可能是伪神学，没有根本的共同之处。与马赫、操作论者和可错论者不同，迪昂坚信人类心智有能力获悉关于物理世界的某些真实的、内在本性的东西，不过并不是全部依赖定量方法。迪昂明确察觉到——考虑到他那个时代的科学哲学，这是不小的成就——定量的、形式化的进路即使在物理科学中也不够，更不必说在人类探究的其他领域了。与典型的实证论的戒规相反，物理学家做实验研究是因为他们认定，他们的工作与物理实在有关，并且他们的结论和定律并不只是被任意重组的方便公式，而是它们揭示了自然的某种东西，无论多么少。

今天，当第一流的物理学家试图解释他们对自己的工作充满信心的终极来源时，信念（faith）一词经常挂在他们的嘴边，迪昂对此会感到欣慰。当然，所谓的信念并不意味着拥护超自然的命题，而意味着对人的直觉能力的不可或缺的承认。正是通过这些能力，而不仅仅是通过推论的定量推理，人们才抓住了潜藏在现象王国背后的实在方面。在这些方面中，有自然的统一性、简单性、对称性、和谐性，如果没有对它们的坚定信念，科学事业最有生命的力量就会枯萎。作为证明，迪昂可以回忆科学史的无数细节，但是他更乐意将他的理由建立在存在主义的断言上，他认为这种断言超越任何形式的证明或反证。在这一方面，他喜欢回忆他喜爱的哲学家帕斯卡（Pascal）的话，他几乎背下他的箴言："我们在证明方面是无能为力的，这种无能为力不能为任何教条主义所克服；我们拥有真理的观念，这种真理的观念不能为任何皮浪式的怀疑主义①所克服。"

迪昂关于物理实在、物理学以及直觉观点的一个必然结果是，随着物理学的进步，它逐渐接近物理学理论——尽管是无征兆的——终极的和唯一有效的形式，他将之称为"现象的自然分类"。拥护这个信念，再次使他与多数操作论者彻底分开，也肯定无疑地与所有可错论者分开，因此迪昂很有特点地回到存在论立场，回到科学史上不可逆的、独一无二的**事件**领域。迪昂相信，这些事件的顺序广泛地展示了既富有成效、又具有误导性的进路。对这些证据进行反思，物理学家就能够识别正确的指导原则，这是物理学理论本身所无法提供的。"物理学不能证明它的公设，也不必证明它们"，这是迪昂自己的准则，他在给科学院的《简介》中直截了当地陈述了这一准则。物理学哲学不能做的事情可以通过明智地阅读物理学史而做到。

---

① 通常把希腊哲学家皮浪（Pyrrhon of Elis）看成怀疑主义的创始人。他认为有智慧的人应该停止判断（实行悬搁），并且不介入人是否有能力确切认识实在的争论。——译者

作为物理学史的解读者，罕有与迪昂相匹敌者。为了维护他的能量学——他称自己的物理学理论为能量学——迪昂出版了两部重要的著作《力学的进化》（1903）和《静力学的起源》（1905—1906）。研究力学的进化意味着不可避免地要仔细考虑它的起源，或者考虑伽利略和他那个时代的科学。大约1900年左右，大多数关注这个问题的学者也许仅仅才开启对伽利略的讨论，然而迪昂以天生的历史学家的可靠直觉认识到，在智力史中，开端很少是突然发生的。迪昂的直觉指引他越过列奥那多的科学，进入一个以前未利用，并且多半被遗忘的一堆中世纪手稿中，它们在法国国家图书馆里布满了灰尘。他在那里的发现，使科学的历史发生了革命。他单枪匹马地摧毁了"中世纪的科学暗夜"的神话。在他以前，这个措辞是自诩为启蒙运动的神圣信条。在他以后，它已经成为不可原谅的无知的标志，不幸的是这种无知还在继续。例如，一部最近出自一位著名物理学家之笔、广受关注的《物理学传记》，在谈论当时风靡全欧洲的"早期李森科的遗传理论"时，完全忽略了中世纪科学。

迪昂对静力学起源的历史考察，为他打开了古希腊科学的迷人世界，同时也开启了迪昂在物理科学发展中看到的那个伟大连续性中的第一阶段。从那时起，迪昂又多了一个从事历史研究的动力。他对任何以前那种形式化进路的证据——它们构成他的能量学方法论的支柱——仍然具有敏锐的眼光。但是，他同样意识到他的使命是要纠正物理科学的历史记载。由他做出的新记载简直可以说是纪念碑式的。在1906到1913年间，他将他对列奥那多（Leonardo）的研究、列奥那多思想来源的研究，以及对那些在16

世纪向列奥那多和列奥那多的思想来源学习物理学即中世纪物理学的人的研究，汇集到三卷本（《列奥那多·达·芬奇的研究：他解读的人和解读他的人》）中。在贬低13世纪和14世纪所谓的落后方面，由于大多数16世纪的科学家热切追随他们的人本主义者先驱，他们对他们自己的资料的真正来源保持沉默。要表明他们过去常常从中世纪科学者的著作那里逐字引用，需要历史学家的周密调查。

尽管迪昂对列奥那多的研究已经充分表明中世纪资料的丰富性，然而首次以系统的方式揭示这些资料的真正丰富性，是1913年出版的纪念碑式的《宇宙体系》。在该著作中，迪昂想要对从苏格拉底到经典物理学诞生的物理学理论的发展做详尽叙述。他肯定感到，他正在写几乎二十年才能完成的开创性的历史研究著作。他一定是以惊人的效率工作的。在四年的时间里，他在没有合作者的情况下，完成了计划12大卷中的10卷手稿，而且他还成功地将前5卷付印。他显然已经超越了完成这项艰巨任务的时间。他一直对朋友说："当我完成了《宇宙体系》，我会在卡布雷斯藩度假期间隐居，并且在一部300页无学术注释的著作中进一步阐明它的重要结论。"虽然这是他心中甚至是他生命的最后两周——那是在1916年9月上旬，在他心脏病突然发作后，他的体力迅速减弱——的最大的愿望，然而他却没能完成这个充满希望的计划。

不管怎样，迪昂对物理学史的洞察在《宇宙体系》的前5卷就得到充分展现，确保了它持久的影响。正如迪昂正确强调的，在17世纪前，只有物理学的一个组成部分即天文学，可以做到在数学理论和实验观察之间进行有意义的互动。这就是为何在《宇宙体系》中，迪昂给予古希腊和中世纪天文学和宇宙学理论以显著地位的原因。迪昂发现中世纪资料相当丰富，因此用他鸿篇巨制的大部分讨论中世纪学者的科学著作。实际上，卷2约三分之一的内容构成该作品第二大部分的开端，即讨论中世纪的天文学。第三部分，即中世纪亚里士多德主义的兴起，位于卷4和卷5。接下来的4卷，涵盖该作品的第四部分和第五部分，致力于讨论亚里士多德主义的衰落和14世纪巴黎大学新物理学基础的兴起。由于迪昂在从1895年起发表的若干论文中，就已经对那个最新的并且最重要的话题——经典物理学的中世纪起源——产生了兴趣，这些遗著的手稿迟早会付印，这是很自然的。到20世纪50年代，对中世纪科学的研究已经变成一个蓬勃发展的领域，它似乎证明，为这样一种出版冒险付出努力和代价是有道理的。中世纪研究的兴起不仅使人们对迪昂的思想持续感兴趣，而且也产生了像安那利斯·梅尔（Anneliese Maier）、欧斯内特·穆迪（Ernest Moody）、阿利斯泰尔·克龙比（Alistair Crombie）、马歇尔·克拉格特（Marshall Clagett）等这些值得一提的后继者。他们的研究相当大地修正了迪昂的一些结论，对这些结论迪昂本人在《宇宙体系》中叙述的比他在《达·芬奇的研究》中叙述的更加温和。

　　现在人们普遍认为，迪昂过于支持1277年巴黎大主教坦皮耶（Tempier）对一些阿维罗伊①主义者论点的谴责。在严肃抨击那些

———————

　　①　阿维罗伊（Averroës, 1126—1198），最重要的伊斯兰思想家之一。将伊斯兰的传统学说和希腊哲学，特别是亚里士多德的哲学，融合成自身之思想体系。他对亚里士多德大部分作品作出一系列的提要、注释和评论，其著述对以后数百年的犹太教和基督教产生巨大影响。——译者

论文，即把上帝的全知全能局限于创造典型的亚里士多德式宇宙时，迪昂看到，中世纪学者决定性地促动了对物理世界的可能构型和法则的自由猜想。迪昂过分强调神学结论的科学意义，一部分源于他的宗教同情心。然而，人们肯定记得，这些同情心对他洞察一个广阔的领域大有裨益，而他之前，甚至在他之后，许多学者由于他们截然不同的同情心而彻底忽视了这个领域。另一方面，虽然迪昂强调伽利略及其后继者受惠于晚期的中世纪科学是正确的，然而同样正确的是，他们对冲力理论的完善依旧应当被视为至关重要的。迪昂尤其喜欢的关于奥雷姆的一些论点也证明是站不住脚的。奥雷姆（Oresme）显然不能被看作是解析几何的发明者和地球自转的早期提出者。后来的历史研究同样既不支持迪昂对乔达努斯·尼莫阿里尤斯（Jordanus Nemorarius）作用的强调，也不支持他认为列奥那多是假定的先驱的猜测。仔细思考的人们还发现，迪昂为布里丹（Buridan）时代巴黎大学的理智力量描绘了一幅过于热烈的画面。在这里，显然迪昂的爱国主义起了作用。

迪昂未能认识托马斯·布雷德沃丁①对所谓逍遥学派的运动定律重新阐述的重要性，他不赏识牛津默顿学院的贡献，在这方面他的爱国主义同样是明显的。人们也许注意到，迪昂在反对19世纪英国物理学专注于模型建构方面，爱国主义是一个显著的因素。它也促使产生了两本小的战时著作。在其中一本《化学是法国科学吗?》中，他自豪地与奥斯特瓦尔德的"化学是德国科学"的主

① 托马斯·布雷德沃丁（Thomas Bradwardine，约1290—1349），英格兰基督教坎特伯雷大主教、学者、神学家和数学家。——译者

张进行争论。在另一本《德国的科学》中，他道出许多残留在德国人思维中的蒙昧主义和衰落的自然哲学的印迹。然而，尽管这两部作品都有宣传的味道，但它们都明显没有恶毒的攻击，要知道，这些恶毒的攻击充斥着战时文献的字里行间，许多法国和德国科学家用"科学的"细节对其进行了美化。

　　甚至在《拯救现象》中也可以发现迪昂的宗教同情心和爱国主义情感在起作用，然而却不影响它的主要结论。在某种意义上，这本相对简短的著作可以看作巨著《宇宙体系》的可信的摘要本。后者细节的丰富性，的确会给认识不到迪昂在分析古代和中世纪的天文学和物理学史的主要目的的读者造成严重困扰。在迪昂的巨著中，保持与被他看作科学史研究的主要教训——认识到与理论的实在论解释相对的形式主义构造物在科学中的主导作用——这一主题的联系绝非易事。《拯救现象》的读者几乎不会抱怨，作者对于这本著作的主旨不够明晰。从一开始，他就会被反复提醒，柏拉图对天文学目的的定义——"拯救现象"，随着几个世纪科学史的发展，一直是科学思索中最具有潜在发展的、最明智的、最富有逻辑的指导原则。

　　这部著作主要是文献和诠释。作为文献，它包含从柏拉图到伽利略时代对物理学（天文学）理论系统阐述的最相关的文本。虽然这些文本可以在各种学术出版物中找到，然而目前的英译本可以让人们很容易地得到它们而无须到别处寻找。文本阐述了两个主要的天文学研究传统，形式主义的进路和实在论的进路。前者源于柏拉图，认为行星运动和宇宙构造的各种几何模型是数学上的权宜之计。按照这种观点，同心圆、本轮、均轮、均衡点并不对应复杂精密的

xx

机械装置的轮子。相反，它们是为了找到任何特定时刻的行星位置所必需的、方便计算的几何图式。另一方面，天文学理论的实在论诠释则把物理实在赋予这些几何图案。那时一致性要求，只有与物理学不冲突的亦即与常识推理不冲突的图式可以保留下来。

在古典学者中，实在论学派由亚里士多德、波希多尼（Posidonius）、士麦那的西昂（Theon of Smyrna）和辛普利西乌斯（Simplicius）代表，我们这里只提主要人名。按照他们的立场，物理学的基本信条要求在天体运动的各种几何学表达或数学表述之间做出选择。这些基本信条中最重要的是圆周运动的"自然性"。显然，这不像我们今天理解的**物理学**一词那样很大程度上是物理学假定，相反地，这是出自与超越**物理学**即**形而上学**领域有关的假定。换句话说，在实在论的诠释中，天文学（物理学）理论的真理取决于特定的哲学真理，这种哲学真理在各种说明手段中提供了挑选的准则。

在形式主义进路中，天文学或物理学理论并不听从于对物理的东西做形而上学的考虑，它可能采纳任何几何学的或数学的步骤，因为它的唯一目的在于计算（或拯救）特定天象的出现，不论它是食、冲、远日点、逆行、行星沿着黄道带向前移动的速率，还是其他什么天象。在古典学者中，这种进路的主要代表是托勒密。他对偏心圆的系统运用不仅径直反对同心圆的、类晶体球系统——那种对行星系统的实在论诠释的最纯粹形式，也避免为它建构任何切实可行的机械模型的尝试。这样的难题几乎没有引起托勒密的关注。他大胆宣称：天文学理论应当只有两个限制条件：它应该取得可靠的用数字表示的结论（从而拯救现象），它的几何手段应当符合尽可能简单的原则。

最大简单性原则受到伟大的犹太学者迈蒙尼德（Maimonides）的热情拥护，在中世纪阿拉伯和犹太哲学家中，他是与托勒密天文学的形式主义进路站在一边的唯一重要人物。亚里士多德在阿拉伯人中的声望不可避免地引起对天文学理论的实在论诠释，以阿维罗伊和阿尔·比特鲁吉（al-Bitrogi）为先锋。在天文学（物理学）理论方面，笃信基督教的中世纪学者多半遵循折中路线。他们虽然承认亚里士多德的物理学原理，但是也赞赏数学步骤的精确性，尽管它的一些假设与亚里士多德的物理学相反。显然他们的态度是多种多样的态度的汇集，其特征是既不能对天文学的形式主义进路，也不能对实在论的进路提出明确理由。因此当迪昂写道，中世纪基督教天文学家的科学哲学可归纳为最大简单性和最大精确性这两个原则时，迪昂夸大了事实，同时显露了他强烈的亲中世纪的同情心。正如迪昂引用的文本所示，实际情况揭示出中世纪学者很大程度的不确定性和犹豫不决，以及对希腊天文学理论缺乏彻底的了解。

天文学中关于形式主义和实在论方法各自优点的争论，随着1500年左右文艺复兴达到顶峰而显得更加激烈。正是在那时，年轻的哥白尼在意大利研究并且近距离目睹了意大利天文学家中两个派别之间的激烈争论：一派是阿维罗伊主义者，他们蔑视数学的进路；另一派是赞同毕达哥拉斯偏好的天文学家，他们把实在论的（今天我们也许会说是启发性的）价值归功于它。显然，这两派均处于极端主义的立场，这给迪昂一个赞美巴黎学派的领导者的"均衡"立场的机会。事实上，他将实际上由库萨的尼古拉斯详细说明的洞察——月上区域和月下区域都服从同样的（物理学）定律——归功于他们。迪昂宣称，从14世纪开始到15世纪初，巴黎大学就一直提出有关物理学方法的建议，这些建议的正确性和深度远胜于直到19世纪中期世人在那一方面得知的一切。

虽然这样的主张有夸张和片面之处，但是它的真理的颗粒可用作考虑哥白尼问题的有益背景。在世纪之交，当哥白尼还被普遍地视为实验方法的捍卫者时，指出哥白尼是数学实在论者需要学识和具备精神独立性。换句话说，在行星的日心排列的几何简单性中，哥白尼看到了令人信服的证据，证明情况的确如此。这种对现象的数学（几何）分析的论证力的评价，受到雷蒂库斯（Rheticus）的衷心附和，并且日益变成哥白尼的标志，这一点在开普勒和伽利略的著作中得到了充分说明。开普勒对数字力量的神秘信仰和伽利略对毕达哥拉斯的无限赞美，清楚地显示出"新物理学"的基本特征，在新物理学中数学手段的系统化和做出断言的价值，充当了它与物理实在——对应的无法驳倒的证据。对

这一点最有力的描述是由伽利略做出的，他在《对话》中反复赞扬哥白尼有勇气在他的感官的证据上建立（数学的）推理。由于那时物理学中使用的数学主要是用几何图式表达的，因此很自然地认为圆、三角形和正方形反映了机械装置的部件。机械论的素朴实在论或经典物理学就这样诞生了，它构成了数世纪处于支配地位的科学氛围。只有少数具备敏锐的批判心智的人才能冲破可理解性与机械等同的假象的迷雾，迪昂正是这少数人之一。

他确实成功地断定在特定时期把天文学家分为两大阵营的重要论题，这个时期以哥白尼伟大著作的出版为开端，并在伽利略审判时达到顶峰。争论得难解难分的是两种误入歧途的实

在论：哥白尼的数学实在论和逍遥学派哲学家——更糟糕的是他们也引用圣经的段落作为物理学真理的标准——的素朴实在论。在天文学家中倾向后者的主要代表是第谷（Tycho）和克拉维乌斯（Clavius），倾向前者的主要代言人自然是开普勒和伽利略。一些人如贝拉明（Bellarmine），试图阻止冲突达到危机关口。值得注意的是，贝拉明在释义《天球运行论》中的奥西安德尔（Osiander）的前言时又回到了托勒密的观点。在迪昂的实证论看来，第三种立场似乎是在这一问题上能够采取的最明智姿态，这是很自然的。实际上这种情况类似于一个三角形，它的每个角都大致均等地远离位于中心区的真相。在当时的时代背景下，这一点并不能以令人信服的方式讲清楚。每一个阵营都有它的一部分长处和弱点，都缺乏只有三个世纪的科学发展所能够提供的视角。哥白尼缺乏处理由运动的地球引起的众多物理学问题所需要的动力学科学。常识哲学家在处理这类现象时，无法持续谈论数学（几何学）势不可挡的吸引力和有效性。托勒密方法的孤零零的拥护者在面对人们不可战胜的信念——处理物理实在是有可能的——时无法令人信服。动力学成熟需要时间。让数学暴露它的一些固有局限性甚至需要更多的时间。而且，只有时间表明，虽然物理学对物质的核心做了惊人的探索，但是人与自然的关系最终取决于哲学信仰的作用。

今天能够清楚地看到这一切，但是这需要仔细阅读物理学理论的发展，包括最重要的20世纪，迪昂最多只是提早地瞥见到这一时期。当然，人们不需要用20世纪60年代的看法，来断定天文学家中逍遥学派和他的同盟者在无条件地接受常识证据上是错误的。然而对于所有成功的物理学理论最近的发展而言，尽管它们全然不顾常识，但是常识观察领域仍旧还是最终判断所有命题的真实性所依赖的背景。科学的批判可以修改大量以常识为基础的结论，但是它不能完全摒弃常识证据。

至于哥白尼的数学实在论，其中大部分被科学后来的发展所证实。在经典物理学中，构造模型在很大程度上决定了要使用某种类型的数学分析，数学实在论在一些场合显示了明显的启发价值。例如，圆锥形折射的首次提示来自汉密尔顿（Hamilton）对双折射透彻的数学分析。而且，正是数学向麦克斯韦显示，固定温度下已知气体的黏滞度与压力无关。随着量子力学和相对论的出现，数学对于物理实在的未知领域几乎成了"开门咒"。在一百年前发展的并不着眼于物理学问题的数学理论，原来正是相对论和量子力学所需要的形式化。还有，在原子物理学、核物理学和粒子物理学中起支配作用的选择法则和"魔法"数字（"magic" number）[1]，强烈地支持了下述论点：世界确实是数字的构造物。然而与此同时，数学似乎没有能力系统阐述它的基本的形式主义：要是数学实在论完全为真的话，那么它也可以提供物理学理论确定的形式。

困难同样困扰着争论的第三方，即实证主义。依据它，对现象的数学分析与事物的本性无关，而仅仅是事物方便和经济的归类。物理学中这样的进路具有解放作用，因为它有助于抛掉不必要的压舱物——由许多并不是物理学真正需要的、具有形而上学本性的概念和问题构成。同时，实证论也被证明是物理学中蹩脚

---

① 在高能物理学中，magic number 被译为"幻数"。——译者

的指导。它肯定不能作为灵感来激发对原子、核以及一群假设的 xxv
基本粒子的探索，不论人们从属于何种科学哲学，这群粒子都应
当被视为实在而不仅仅是数学公式。事实上，它们被工作中的物
理学家视为实在，他们中的大多数在他们的思维中保留一个小心
谨慎的实在论的独立空间，尽管他们经常口头拥护这种实证论的
现代形式，比如操作论和可错论。

所有这一切都暗示，对真理的探索不能依赖任何特定的方法，
不论这个方法是纯哲学的、宗教的，还是科学的。所有的这些都有
它们的局限性，只有它们之间强有力的相互作用，才能引导人们在
理解的道路上前进。当这些进路中的任何一个显示出独一无二的优
先权时，真理将遭受损害。因此，当常识实在论以牺牲定量方法为
代价而处于支配地位时，就像在亚里士多德物理学中的情况那样，
对物理宇宙的研究就会变成一种枯燥的事业。当构造模型的素朴实
在论被赋予绝对可靠的光环时，属于价值判断领域的信念就会逐渐
受到损害。当今，定量方法对几乎每个人类经验和反思领域的侵占
显露一种威胁，但我们不能过高估计这种威胁的严重性。

现代文化似乎处于放肆的定量化的痛苦中，在这种情况下，
个人如果不是打卡机上的孔洞，也正在变成单纯的数字。如同在
任何危机中一样，极端主义者的处方在这里显而易见。与将科学
诋毁成滥用"自然状态"那些人比肩而立的，是那些想要使每个
人、每件事都受科学统治的人。要在浪漫派的原始质朴性（如果
不是不切实际的无政府主义的话）与祛人性的科学主义两个极端
之间走中间路线，就像理智所要求的那样，人们必须充分认识到
科学方法的局限。这并不是一项容易的任务。为了妥善处理它，

存在几条途径，其中一条途径即历史研究的途径应当具有特殊的感召力。历史是一个巨大的均衡器。它迟早会将一切事情和一切人缩到它们的真实大小。只有对科学的熟悉程度仅限于迪昂十分恰当地称作"当下的道听途说"的人，科学才会作为救世主隐现。那些有足够勇气看透昔日流行但却短暂的真理的人，将在历史中发现最具启发性的老师。物理科学的历史实际上能够有说服力地向它的学生证明，科学中存在的神话不亚于其他领域，而这些领域神话的减少却归功于科学。

xxvi 　　在像我们这样的科学时代，认识到这一点是一次谦卑的体验，然而如果科学要成为人类的仆人而非暴君，这是必不可少的。那些反复思索科学理论的恰当范围并以丰富的历史说明来充实对它的分析的那些人，为文化事业做出最有价值的贡献。事实上，如果今天关于科学方法的局限性所释放的信号正在赢得坚实的立足点，那么大部分功劳应归于迪昂。他对物理学理论的目的和结构的哲学分析，（尤其是）他在科学史方面的开拓性研究，越来越合乎时宜，或者更恰当地讲，显示出持久的人文主义的独创性。这毫不奇怪。迪昂专心于科学研究和学术研究明显受到奉献他的同胞的激励，他想帮助他们探索更健全、更协调、更令人满意的真理表述。通过《拯救现象》一书，人们不能不感觉到一颗绝对正直和奉献的心灵，这颗心灵的最终动机远远不止积累学术桂冠。他对"拯救现象"这个古老的科学纲领的富有启发性的分析，可以因此被视为至关重要的文化贡献。在真正意义上，它是把所有现象中最伟大的和最惊人的现象——人类心智——从诱人的陷阱中拯救出来的一种努力。

# 前　言

物理学理论的价值是什么？它与形而上学说明（explanation）的
关系是什么？这些是今天热烈讨论的问题，然而像许多主要问题一
样，它们绝对不是新问题。它们属于所有时代：只要自然科学存在
着，这些问题就会被提出来。覆盖这些问题的形式也许随时代的不
同有些变化；问题的形式源自当时的科学而且是易变的；然而人们
只需要揭开这层面纱就会知道，这些问题本质上仍然是同一个问题。

直到我们抵达17世纪之前，我们遇到的自然科学领域很少有
进展到用数学语言系统阐释理论的地步，这些理论的预测是用数
字术语表达的，以便它们能够和精确的、直接观察所提供的测量
相比较而得到证实。即使那时叫平衡科学（scientia de ponderibus）
的静力学和那时归入"透视"（我们的"光学"）下的反射光学，
也才勉强达到这个发展阶段。越过这两个有限的领域，我们仅仅
遇到一种科学，它采取的形式即使在那时也是相当先进的，它会
使我们预见到我们在现代数学物理学理论所采用的习惯程序：那
种科学就是天文学。因此，在我们今天谈到"物理学理论"的地
方，古希腊或阿拉伯的哲学家以及中世纪或文艺复兴的科学家谈
论的却是"天文学"。

由确切的观察所发现的定律用数学语言来表达，这种完备状态在其他自然科学领域还没有达到。我们意义上的既是数学的又是经验的物理学，还没有从对物质世界形而上学的研究中脱离出来，也就是说，没有从宇宙学中脱离出来。因此，在很多情况下，在我们现在谈论"形而上学"的地方，古代人反而使用"物理学"一词。

这就是为什么今天还要不断地讨论这个问题：物理学理论和形而上学的关系是什么？该问题两千年以来却以另外的表述出现，即天文学和物理学的关系是什么？

在下面的文章中，我们将快速回顾由希腊思想、阿拉伯科学、中世纪基督教经院哲学，以及最后由文艺复兴的天文学家对这个问题给出的答案。

和我一样驶向同一个目标的其他人，已经开了头。我们无论如何不能不特别提到 T. H. 马丁[①]、乔凡尼·斯基帕雷利[②]、保罗·曼森[③]。在他们引起人们较早注意的文献的基础之上，我们应当充实许多其他内容。请相信，把这些综合起来，将会使我们精确地重建从柏拉图到伽利略的哲学家和科学家所持有的物理学理论的概念。

---

[①]　T. H. Martin, *Mémoires sur l' histoire des hypothèses astronomiques chez les Grecs et chez les Romains*, pt. 1, "Hypothèses astronomiques des Grecs avant l'époque Alexandrine," chap.5, par.4 (*Mémoires de l'Académie des Inscriptions et Belles letters,* vol.30, pt.2).

[②]　Giovanni Schiaparelli, *Origine del Sistema planetario eliocentrico presso i Greci*, chap. 6 and Appendix (*Memorie del Instituto Lombardo di Scienze e Lettere; Classe di Scienze matematiche i naturali,* vol.18{3d ser., vol 9},17 March 1898).

[③]　Paul Mansion, "Note sur le caractère géometrique de l'ancienne astronomie," *Abhandlungen zur Geschichte der Mathematik*, vol.9 (1899).

# 1. 希腊科学

为了找到我们打算遵循的传统的起源，我们必须回到柏拉图那里去。

对柏拉图关于天文学假设观点的传播和应用，首先归功于欧多克索斯；其次是亚里士多德的嫡传弟子欧德摩斯，他吸收了欧多克索斯的著作，在他第二本书《天文学史》中转述了柏拉图的思想。正是从这本书中，后来成为阿佛洛狄西亚的亚历山大的导师的天文学家和哲学家索西琴尼借用了它们，并且把它们传给了辛普利希乌斯。我们的叙述就从辛普利希乌斯开始。①

在辛普利希乌斯的《注释》中，我们找到了用以下话语系统阐释的柏拉图传统：

> 柏拉图制定了天体运动是圆周的、均匀的和有不变的规律的原则。② 随即他给数学家提出了下面问题：什么样的圆周运动、匀速运动和十分有规则的运动能够被确认为假

---

① Simplicius, *In Aristotelis quatuor libros de Coelo commentaria* 2. 43, 46（Karsten ed., p. 219, col. a and p.221, col. a; Heiberg ed., pp. 488, 493.）

② 换句话说，总是处于相同方向。

设，以致它有可能拯救行星所呈现的外观（appearance）？（τίνων ὑποτέθεντων δι ὁμαλῶν καὶ ἐγκυκλιῶν καὶ τεταγμένων κινήσεων δυνήσεται διασωθῆναι τὰ περὶ τοὺς πλανωμένους φαινόμενα）

6　在这里极其明确地将天文学的目标定义为：天文学是结合圆周运动和匀速运动以便产生像星体运动那样的合成运动的科学。当它的几何学建构已经给每个行星指定了与可视路线相符的路线，天文学就达到它的目的，因为**那时它的假设已经拯救了外观**。

这就是激励欧多克索斯和卡利普斯努力的问题：正是要拯救外观（σδώξειν τὰ φαλνόυεμα），他们才组合了他们的假设。当卡利普斯在某些细节方面修改了由欧多克索斯提出的同心球合成体时，他这样做的唯一原因是他前辈的**假设**与某些**现象**不一致，于是他下决心要拯救这些**现象**。

当天文学家组合的假设成功地拯救了外观时，他们必定表示十分满意。然而人类理智不可以正当地要求更多吗？难道它没有权力发现和分析天体本性的一些特征吗？这些特征难道不会通过指出天文学假设必须符合的某些类型来帮助他吗？还有，无法符合这些类型的运动组合是否应当就此被宣布为不可接受，尽管这种组合可以拯救外观？①

---

① 此处不只是译意，法语如下："...I'esprit humain n'est-il pas en droit d'exiger autre chose? Ne peut-il découvrit et analyser quelques caractères de la nature des corps célestes? Ces caractères ne peuvent-ils lui servir à marquer certains types auxquels les hypothèses astronomiques devront nécessairement se conformer? Ne devra-t-on pas, dès lors, déclarer irrecevable une combinaison de mouvements qui ne pourrait s'ajuster à aucun de ces types, lors même que cette combinaison sauverait les apparences?"——英译者

除了由柏拉图如此清晰地定义的这个**天文学家的方法**外，亚里士多德还承认另外类似方法的存在及其合法性，他把它称作**物理学家的方法**。

在《物理学》[①]中，亚里士多德比较了数学家和物理学家的方法，并且制定了和我们刚才提出的问题直接有关的某些原则，虽然他的谈论无法让我们做更进一步的分析。他说，几何学家和物理学家通常研究相同的对象，不论它是相同的图形还是相同的运动，但是他们从不同的观点考虑对象。一个特定的图形，一个运动——几何学家"独自地"、抽象地看待这些；相反，物理学家把它们作为某某物体的限度，某某移动事物的运动来研究。

这种含糊的讲解无法使我们充分把握亚里士多德关于天文学家的方法和物理学家的方法的思想。实际上要想洞察他的思想，我们必须考察他是如何在其著作中运用这个想法的。

比亚里士多德年长几岁的前辈欧多克索斯——亚里士多德刻苦研究过他的理论——和他的同辈人及朋友卡利普斯，遵循了天文学家的方法，这正是柏拉图所定义的方法。亚里士多德在那时完全熟悉这种方法，然而对他说来，他遵循了另一种方法。亚里士多德规定宇宙应为一个球体，天球应当是坚实的，每一个天球围绕宇宙的中心做圆周运动和匀速运动，并且地球、不动的地球占据着这个中心。这些就是他施加给天文学家假设的诸多限制条件，对擅自摒弃任何一个限制条件的运动的组合，他会毫不犹豫地拒绝。然而他制定这些限制条件，并不是因为他认为它们对于

---

[①] *Physics* 2.2.

拯救由观察者记录的外观必不可少，而是因为只有它们才能与构成天体质料的完美和圆周运动的本性相一致。而运用天文学家方法的欧多克索斯与卡利普斯，是通过考察他们的假设是否拯救了外观来支配它们的，亚里士多德想要通过证明对天体**本性**的某种推测是正确的主张，来决定这些假设的选择，他的方法是物理学家的方法。

既然这个除了天文学家的方法之外的新方法，只是试图通过另外的途径解决天文学家的问题，那么采用它的意义何在呢？如果天文学家采取的步骤可以为柏拉图提出的问题提供一个总体来说明确的答案，那么人们肯定会怀疑这里有任何增益。但是如果实际情况不是这样，如果可以证明，外观能够借助**不同的**圆周运动和匀速运动的组合拯救，那么我们该如何从这些不同的、然而对天文学家来说同样恰当的假设中选择呢？假如那样的话，难道我们不必诉诸物理学家的裁定来做出我们的选择吗？这岂不是表明，物理学家的方法是对天文学家的方法的必要补充吗？

现在事实是，借助不同的圆周运动和匀速运动的组合便**能够**拯救外观；并且希腊人对几何学太敏锐了，以至于这个真理不能长久地在他们面前隐藏：甚至非常古老的天文学体系，如像菲洛劳斯那样的体系，大概也只能在完全相信同一相对运动可以从不同的绝对运动获得这一原理的心智中萌发。

不管怎样，某种情况很快加强了对真相——不同的假设可以提供同样令人满意的现象——的特别清晰的认识，这个情况在希帕恰斯的研究过程中呈现出来。

希帕恰斯所证明的是，太阳的轨迹可以通过假定这个星体划出一个与宇宙偏心的圆周表现出来，或者通过让一个本轮携带它表现出来，只要这个本轮完成旋转的时间与本轮的中心完成与宇宙同心的圆周的时间恰好相同。

这样两个十分不同的假设的结果之间的一致，似乎深深吸引了希帕恰斯。阿佛洛狄西亚的阿德拉斯图斯——士麦那的西昂为我们保留了他的学说——记录了希帕恰斯是如何探索他本人的发现的：

> 希帕恰斯挑出值得数学家注意的事实是，人们可能试图通过两种不同的假设来阐明现象，如偏心圆假设和带有本轮的同心圆假设。①

当然，只存在**一个**与事物的本性（κατὰ φύσιν）一致的假设。拯救外观的**每一个**天文学假设都与这唯一的假设和谐，以至于它所提出的命题与观察结果相匹配。这就是当希腊人谈到产生相同合运动的不同假设时所指的含义；他们说，这些假设"偶然"（κατὰ συμβεβηκὸς）一致：

> 关于星球运动的两个数学假设——本轮假设和偏心圆假设——之间的一致性显然是符合理性的。两个假设均**偶然**与

---

① Theon of Smyrna, *Liber de Astronomia cum Sereni fragmento*, textum primus edidit, latine vertit, descriptionibus geometricis, dissertatione et notis illustravit T. H. Martin (Paris, 1849), chap.26, p.245; Theon of Smyrna "Exposition des connaissances mathématiques utiles pour la lecture de Platon." *Astronomie*, trans. J. Dupuis (Paris, 1892), pt.3, chap. 26, p. 269.

**符合事物本性**的那**一个**假设一致，这就是让希帕恰斯感到惊奇之处。[1]

9     这些不同的假设"偶然"彼此一致，一个假设拯救了现象，另一个假设同样拯救了现象，因此在天文学家眼中它们是等价的。哪一个与本性符合呢？这要由物理学家决断。如果我们要相信阿德拉斯图斯[2]，那么更加胜任天文学而非物理学的希帕恰斯无法做出这样的裁定：

    很清楚，由于所阐述的原因，在互为结果的两个假设中，本轮看起来更通俗、更普遍地被接受，并且更符合事物的本性。因为本轮是刚性天球的巨大圆周，也就是说，是行星在天球上运行时所划出的那个圆周；而偏心圆总的来说与符合本性的圆周不同，它只是"偶然"划出的轨迹。坚信现象就是这样产生的希帕恰斯，选定本轮假设作为自己的假设，并表明很可能所有的天体都以世界为中心均匀地放置，它们以相似的方式与世界统一起来。然而，由于没有充足的物理学知识，他无法在符合事物本性的星体的**真实**运动和只是一种外观的星体的**偶然**运动之间做出正确区分。不管怎样，原则上，他坚持每个行星的本轮沿着同心圆圆周运行，行星沿着本轮运行。

---

[1]  Theon, *Astronomia*, chap. 32 (Martin ed., p. 293; Dupuis ed., p. 299).

[2]  同上书，chap. 34 (Martin ed., p. 301; Dupuis ed., p. 303)。

通过证明那两个不同的假设可以"偶然"一致，而且可以同样恰当地拯救太阳运动的外观，希帕恰斯大大促进了对天文学理论的范围的更加精确的界定。阿德拉斯图斯着手证明偏心圆假设是本轮所要求的[①]，西昂证明本轮假设可以反过来被视为偏心圆假设的结果。他认为，这些命题指出，天文学从来也不可能发现**真实的**假设，即符合事物本性的那个假设：

> 不管确定了哪个假设，外观都会被拯救。由于这个原因，我们可以把数学家的讨论看成无效的而拒绝考虑；他们之中有一些人宣称行星只沿着偏心圆圆周运行，而另一些人声称它们由本轮运行，还有一些人认为它们围绕与恒星天球相同的中心运行。我们要证明，行星"偶然地"划出这三种圆周的每一个圆周，即环绕宇宙中心的圆周、偏心圆圆周和本轮圆周。[②]

10

如果确定真实的假设的决断超出了天文学家的能力——他们只是试图合并几何学家的抽象图形，并且将它们与观察者记录的外观相比较——那么它必然留给思考过天体本性的物理学家。物理学家自己就有能力制定原理，天文学家据此将在几个同样拯救现象的假设中识别出那个真实的假设。这正是斯多葛的波希多尼在他的《宇宙学》中所宣称的。盖米努斯在对这部著作的节略评注中，转述了波希多尼的学说；而辛普利西乌斯为了阐明亚里士

---

① Theon, *Astronomia*, chap, 26 (Martin ed., p. 245-247; Dupuis ed., p. 269).

② 同上书，chap, 34 (Martin ed., p. 221-223; Dupuis ed., p. 251)。

多德在数学家和物理学家之间做出的比照，从盖米努斯那里抄录了这段内容[①]：

> 关注天空和星体的本质、它们的动力、它们的性质、它们的生成和毁灭的所有研究，属于物理学理论（φνσικῆς θεωρίας）。而且以宙斯的名义，物理学同样有能力提供关于这些物体的大小、形状以及排列的证明。另一方面，天文学无意说明关于前者的任何事情。它的论证关注天体的秩序，想当然地认为天空确实**被**排列好了。天文学关涉地球、太阳和月亮的形状、大小和相对距离，它提到偏心圆、星体的连合、它们运动的质量和数量的特性。现在既然天文学依靠根据性质、大小和数字来考虑图形的研究，因此理所当然，它需要算术和几何学的帮助。在处理它唯一有权论及的这些事情时，天文学必须与算术和几何学保持一致。天文学家和物理学家从事相同的课题，这种事情经常发生，例如他们着手证明太阳是巨大的或者地球是圆的。但是在这样的情况下，他们并非以相同的方式进行：物理学家一定通过物体的本质，或者它们的动力，或者最符合它们的完备的事物，或者根据它们的生成和转化来推导它，证明他的命题中的每一个单个

11

---

① 在本文，人们也许会挑剔迪昂对某些词语的翻译。然而，我在这里自始至终翻译迪昂的翻译而不是原始文本，我仅仅通过插入希腊语将一些在我看来有问题的语词标示出来。就波希多尼（或者辛普利西乌斯）看来的 φνσικῆς θεωρίας 并不完全意指迪昂所说的 thoérie physique，这个表面上不起眼的地方其实很重要：我认为它表明，迪昂对古代自然科学和现代自然科学的异同方面的分析需要重新思考，并且"基本的相同"的提法来得太容易了。——英译者

命题。而天文学家借助与大小和图形"相称的东西"，或者借助所述运动的量值或与运动的量值对应的时间，来确立他的命题。通常物理学家会全神贯注于原因，并且把注意力引向产生他所研究的结果的动力上；而天文学家则从与同一结果相关的外部环境中获取他的证据。天文学家不具备思考原因的能力，例如不能告诉我们地球和星体是球形的原因。有时，比如当他对本轮做推断时，他甚至都不试图把握原因。在另一些时候，他觉得有必要提出某些假设的存在模式：如果一旦得到承认，就会拯救现象（καθ᾽ὑπό εσιν εὑρὶσκει τρόπους τινὰς ἀποδιδούς ὧν ὑπαρχόντων σωθήσεται τὰ φαινόμενα）。例如，天文学家询问，为何太阳、月亮以及其他游星看起来不规则地运动。好了，不管有人设想星体划出的圆周是偏心圆，还是设想每个星体沿着本轮的旋转来运行，凭借任何一个假设，它们明显不规则的路线被拯救了。天文学家因此必定断言，外观也许就是由这些存在（τρόπους）模式中的任何一个模式产生的；因而他对星体运动的实际研究将符合他预先假定的说明。这就是赫拉克利德斯·庞修斯的论点——人们可以通过设想太阳静止不动并且地球以某种方式运动，来拯救太阳运动的明显不规则性——的理由。是什么天然地处于静止状态，运动的事物具有什么特征，对它们的认识远非天文学家能力所及。他假设性地提出，某某物体是静止的，某些其他物体是运动的，然后检查天体的外观与什么样的［偶然的］假定一致。他从物理学家那里得到星体运动是规则的、匀速的和不变的原理，并且借助这些原理来说明所有星体的

旋转——既包括那些划出与赤道平行的圆周，也包括那些与
赤道成一定角度的横截圆周。[①]

我们坚持对这段全部引用，是因为没有其他古希腊文献这
么精确地定义天文学家和物理学家各自的作用。为了使人们接受
"天文学家没办法把握天体运动的本性"这一点，波希多尼诉诸由
希帕恰斯发现的偏心圆假设和本轮假设的等价性；而且在他提到
这一真相的同时，他还引用赫拉克利德斯·庞修斯的地心体系和
日心体系的等价的观点。

生活在奥古斯都时代的柏拉图主义者德西尔莱德斯编写了一
12 段话，题为：**关于柏拉图《理想国》中提到的锭子和锭盘**[②]（Περὶ
τοῦ ἀτράκτον καὶ τῶν σφονδύλων ἣν τῇ πολιτεία παρὰ Πλάτωνι
λεγομένννων）。它包含着天文学理论，士麦那的西昂为我们保存了
该理论的摘要。[③]

事实证明，柏拉图主义者德西尔莱德斯和斯多葛的波希多尼
完全一样地设想了天文学与物理学的关系：

像在几何学和音乐中一样，除非制定假设，否则不可

---

① Simplicius, *In Aristotelis physicorum libros quatuor priores commentaria* 2.
ed. Diels (Berlin, 1882), pp. 291-292.

② 柏拉图使用锭子（有时译成陀螺）指称固定在一点旋转的物体。如果我们
着眼于它们自身内有轴心的直绕部分，则旋转的物体是静止的；如果着眼于圆周线
部分，则它们是在运动。但是如果旋转时轴心线向左或向右、向前或向后倾斜，
那么旋转物体就无论如何也谈不上静止了。——译者

③ Theon, *Astronomia*, chaps. 39, 40-43.

能从原理中推断要遵循什么；因此在天文学中，必须首先阐明属于游星的运动理论所源自的假设。然而首当其冲的也许应当制定数学研究所依靠的原理，这些原理是每个人都承认的。[①]

波希多尼说过，关于什么处于静止状态、什么处于运动中的研究属于物理学家。因此德西尔莱德斯在先于天文学假设的原理中，小心翼翼地排列命题，以确定哪些物体是绝对静止的：

> 既然所有的物体应该处于运动状态不符合道理，所有物体处于静止状态也不符合道理，而是一些物体运动，另一些物体静止，那么人们肯定要弄清楚宇宙中什么物体必然是静止的，什么物体必然是运动的。

他接着说，人们一定相信地球——按照柏拉图所说地球是诸神庙宇的中心——保持静止，行星与囊括它们的整个天穹一起运动。

德西尔莱德斯没有让数学家选择无视物理学家确定和详尽阐述的原理。数学家没有权利提出与物理学原理相悖的假设。波希多尼和盖米努斯把地球也许是运动的且太阳是静止的原理，归因于赫拉克利德斯·庞修斯，但是这个原理也许违背了物理学家的原理。德西尔莱德斯"极讨厌地排斥那些根据物体的本性和它们

---

① Theon, *Astronomia*, chap. 41 (Martin ed., p. 327; Dupuis ed., p. 323).

的位置，让运动的物体停下来，静止的物体运动起来，从而颠覆了数学基础的人"。

在天文学家不得不严格遵照的原理中，德西尔莱德斯认为，把所有天上运动简化为绕着宇宙中心旋转这一条并不必然包含在内。在他看来，沿着本轮——它自己的中心划出一个和宇宙同心的轨道——的行星运动似乎并不违背正统物理学。正像士麦那的西昂记述的那样[1]：

> 他［德西尔莱德斯］不认为，偏心圆周圈是使行星和地球之间的距离移动的原因。他认为，天上每一个运动的事物均围绕着既是运动的中心、同时也是世界的中心的一个中心运行。［他因此认为，行星表现出来的偏心圆运动］并不是它们的"主要"运动，而是"偶然"运动。我们早先论证过，这样的运动是本轮运动和同心圆运动相混合的合量，它们的路线在和世界同心的轨道壳层内被划出。因为每一个天球都有两个表面，内部的凹面和外部的凸面。在这两个表面之间，行星按照本轮和同心圆圆周运动。这个运动的结果就是"偶然地"划出一个偏心圆圆周。

为什么德西尔莱德斯会认为，沿着与宇宙偏心的圆周运行的行星运动与他的物理学原理相悖呢？另一方面，为什么这同样的物理学允许行星划出一个本轮，其中心穿过与宇宙同心的圆周？

---

[1] Theon, *Astronomia*, chap. 41 (Martin ed., p. 331; Dupuis ed., p. 325).

士麦那的西昂的记述没有提供这个问题的明确答案。但是我们可以设想，德西尔莱德斯援引的用来证明他的选择的理由，与促使阿佛洛狄西亚的阿德拉斯图斯采取非常相似的主张的理由相比，没什么两样。

根据士麦那的西昂的证据[①]，阿佛洛狄西亚的阿德拉斯图斯把每个行星归属于和宇宙同心的由两个球面所包含的轨道壳层。在壳层内是占有它的全部厚度的饱满的天球。行星接着被放入这个饱满的天球内。轨道壳层按照它的旋转围绕宇宙中心运载饱满的天球，与此同时饱满的天球在它自己的轴上转动。利用这种装置，行星划出了一个本轮，其中心穿过与宇宙同心的圆周。[②]

阿佛洛狄西亚的阿德拉斯图斯和在他之后的士麦那的西昂认 14 为，这个结构符合正统物理学原理。那时，这些原理对他们来说已不再是亚里士多德所说的原理。按照他们的观点，物理学原理似乎简化为下述单一的假设：天体运动应该由刚性天球的组合表

---

[①] Theon, *Astronomia*, chap. 31, 32 (Martin ed., pp. 275, 281–285; Dupuis ed., pp. 289, 293–295).

[②] 法语十分晦涩，印作："Au témoignage de Théon de Smyrne, Adraste d'Aphrodisie attribue à chaque astre errant un orbe que contiennent deux surfaces sphériques concentriques à l'Univers. A l'intérieur de cet orbe se troue une sphère pleine qui en occupe toute l'épaisseur. L'astre, enfin, est enchassé en cette sphère pleine. L'orbite entraine la sphère pleine en la rotation qu'elle effectue autour du centre du Monde, tandis que la sphère pleine tourne sur elle-même. Par ce mécanisme, la planète décrit un épicycle dont le centre parcourt un cercle concentrique au Monde." 注意从 "orbe" 到 "orbite" 的转换造成一部分困难。对于一些启发——尽管是不充分的——请参照 Edward Rosen's Introduction to his *Three Copernican Treatises: the Commentariolus of Copernicus; the Letter against Werner; the Narratio prima of Rheticus* (New York: Dover Publications, Inc., 1959), especially pp. 18ff.。——英译者

示，无论是中空的还是饱满的，每一个刚性天球围着它自己的中心以匀速的旋转转动着。

　　这就是本性所要求的：那些圆形的和螺旋形的线不应该由和世界运动反方向的星体本身的自行运动[①]描绘出来；而且，不应该通过把星体运动与圆周——每个圆周都围绕自己的特定中心并且带着附属它的星体移动——刻板地联系起来解释它们。不管怎样，这样的物体怎么能与非实体的圆周连接在一起呢？

　　欧多克索斯和卡利普斯已经通过诉诸各种刚性天球解释了天上运动。斯多葛派的克莱安西斯拒绝他们的解释[②]，他声称每一个星体都是自我推动的，**自身**划出被称作"马蹄型"的几何曲线，这个几何曲线是欧多克索斯和卡利普斯通过合成几个天球的转动间接获得的。正是反对克莱安西斯的这种观点，德西尔莱德斯辩论道："马蹄型"应当被理解成只是"偶然地"划出的一条线，因为天上除了刚性天球的匀速旋转以外，没有什么运动是"自然的"。

　　德西尔莱德斯的学说，显然就是激励了阿佛洛狄西亚的阿德拉斯图斯和士麦那的西昂的学说。毫无疑问，由于过分追随德西

---

　　①　根据 Martin (p. 274, n. 5)，手稿为：τὰ ἄστρα αὑτὰ κατὰτ᾽ αντὰ; Martin 将其校订为：κατὰ ταῦτα；我们误以为堵布益（Dupis）接受了这个修订。

　　②　Joannes Stobaeus, *Eclogarum physicarum et ethicarum libri duo*, bk.1, "Physica," chap. 25 (ed. Augustus Meineke; Leipzig, 1860), vol.1, p. 145.

尔莱德斯，他们不仅将这个学说应用于马蹄形运动，而且应用于偏心圆运动和本轮运动。他们排斥将自身局限于对行星的运行路线做纯粹几何学描述每一个理论。他们接受使行星划出中心穿过和宇宙同心的圆圈的本轮理论，因为他们发现了一个程序，该程序允许通过让适当排列的刚性天球沿着它们自身转动，而将这种轨线强加于行星。在阿德拉斯图斯和西昂看来，如果一个有能力的技工可以用金属和木材使假设实体化，那么该假设显示与事物的本性一致。即使在今天，许多人对正统物理学也几乎不会有什么异议。

　　而且，西昂直截了当地承认，他非常重视这样的物质模型。他报告说，他构造了一个可以作为柏拉图天文学理论模型的太阳系仪：

　　　　因为柏拉图说，如果我们在没有眼睛看到图像的情况下试图说明这些现象，我们就是在做无效劳动。①

　　他竟然到了这样的地步，把排斥偏心圆运动、支持中心穿过与宇宙偏心的圆周的本轮运动理论归于柏拉图本人！②

　　实际上，从来没有要求过柏拉图在这一点上表明他的偏好，因为他既没有想到偏心圆假设，也没有想到本轮假设。与宇宙同心的旋转是他曾经在他的著作中略微提及的唯一旋转，普罗克洛

---

　　① Theon, *Astronomia,* chaps. 16 (Martin ed., p. 203; Dupuis ed., p. 239).
　　② 同上书，chap. 34 (Martin ed., p. 303; Dupuis ed., p. 305)。

斯在几处都十分正确地断言了这一点。①

不过，阿德拉斯图斯和西昂声称，他们在诉诸柏拉图物理学原理时并没有全错。柏拉图早已把围绕它自己中心的转动归于每一个星体。因此看起来，围绕它自身的本轮的天球转动无论如何也不会背离他关于天上运动的学说。他甚至可能已经采纳希帕恰斯提出的太阳理论。只有亚里士多德的物理学才是真正与本轮的存在不相容的。根据亚里士多德的物理学，天体不可能有任何改变，也不受任何"暴力"的影响；除了它自己的"自然的"运动外，不会显示任何运动，而它唯一的自然运动就是围绕宇宙中心匀速旋转。

阿佛洛狄西亚的阿德拉斯图斯和士麦那的西昂或许德西尔莱德斯，也同样要求数学家这样选择天文学假设，以使它们符合事物的本性。但是这种假设与本性的符合已不再由亚里士多德制定的物理学原理判定，而是根据是否能够构造用来表示天上运动的适当的刚性天球的机制来判断。由中心穿过和宇宙同心圆周的偏心圆的旋转而产生的行星运动，可以用"旋转者"来"模仿"。因此，这样一种假设虽然违背了逍遥学派的"以太"②的本性，但是物理学家是可以接受的，正像欧多克索斯、卡利普斯以及亚里士

---

① Proclus Diadochus, *In Patonist Timaeum commentaria*, ed. Diehl (Leipzig, 1903-1906), (Tim. 36 D, E), (Tim. 40 C, D), vol.2, p. 364; vol. 3, pp. 96, 146 respectively.

② 亚里士多德认为，地上区和天体区发生的自然运动截然不同。地上区由土、水、气、火四种元素构成，每种元素都有其自然位置，土位于中心，外面是分层的水、气和火的同心球层。月上区是一个第五元素的天国，亚里士多德称这第五元素为以太（quintessence），它不与前四种元素结合，也不会腐败，仅以纯粹状态存在，独自处于它自己的天体王国中，以太围绕中心做完美的圆周运动。——译者

多德的同心球系统是可接受的一样。

　　天文学的进步很快使阿德拉斯图斯和西昂采取的主张站不住脚了。试图对行星运动的不规则性进行阐述的托勒密，当他让每一个行星承载着本轮，本轮的中心并没有和宇宙的中心保持恒等距离，而是划出一个与宇宙偏心的圆周时，阿佛洛狄西亚的阿德拉斯图斯和士麦那的西昂所设想的太阳系仪便无法表示天上的运动了。而且随着希帕恰斯原始假设——托勒密为了拯救现象不得不加上它——的每一次复杂化，阿德拉斯图斯和西昂的天球不起作用这一点就更加明显了。无疑，逍遥学派不会认为托勒密《汇编》①中的假设与物理学原理一致，因为这些假设没有将所有天上运动归纳为同心旋转。阿德拉斯图斯或西昂的弟子们也不会认为它们在物理学上是可接受的，因为没有工匠能够构造出木制的或金属的东西来表现它们。托勒密的追随者们必定将天文学假说从物理学家通常使它们服从的条件中解放出来，甚至不惜以放弃他们自己的学说为代价。

　　托勒密分给每个行星一个具有某种厚度的轨道壳层，轨道壳层紧挨着在它前面或后面的行星的壳层。②行星在这个和宇宙同心并且确定行星轨道边界的壳层的球面间运行。《汇编》中借助众多十分复杂的假设解释了这种运行。我们该如何确切地理解这些假设和物理学原理的关系呢？或者换一种说法，物理学还能给天文学假设施加什么样的限制条件呢？与其说是哲学家，不如说是几

----

① 即托勒密的巨著《数学汇编》（*Mathematical Syntaxis*），通常译成《至大论》。——译者

② *Almagest* 9.1 (Halma ed., vol. 2, pp. 113–115).

何学家和天文学家的托勒密没有过多纠缠这个问题。不过，他的

17 确在一段文字①中触及它，如果根据目前为止所说的一切来解释，这段文字的主旨就会变得异常清晰明了。

专注于发现用来拯救星体视运动假设的天文学家，除了最大简单性的原则外根本没有指导准则：

> 我们必须尽力使最简单的假设适合天上的运动。但是如果这些假设证明是不充分的，我们必须选择其他更适合的假设。

对天上运动的精确表述理所当然地迫使天文学家逐渐使他的假定复杂化。但是如果它与观察精确地一致，他以这种方式导致的体系的复杂化便不能成为排斥它的理由。

> 如果每一个视运动像假设保证的那样得到拯救，为何发现天体运行正是从这样的复杂运动产生的，任何人都会感到惊奇呢？②

> 谁都不要以我们所设计的结构来判断这些假设的实际困难。把人的事物与神的事物相比较是不恰当的。我们不应当把我们对事物的高度信任，建立在与之相差甚远的例子上：因为有什么东西与一成不变的存在的区别大于它与不断变化

---

① *Almagest* 13.2 (Halma ed., vol.2, pp. 374–375).

② Συμβεβηκèναι——"偶然"出现（κατά συμβεβηκòς）；按照现代术语为，其他运动的合成造成的运动。

的存在的区别吗？换句话说，有什么东西与受到整个宇宙干扰的存在的区别大于它与甚至都不受到自身干扰的存在的区别吗？

既然这样，想要用木制的或金属的精巧设计来模仿天体运动的想法是愚蠢的：

> 只要我们注意这些我们已经放到一起的模型，我们发现各种运动的合成和接续是笨拙的。以这种方式设置它们，使每个动作都能自由地完成，看来很难实行。但是，当我们研究天上发生什么时，我们根本不受这样一种混合运动的干扰。

当然，托勒密在这段文字中意在指出，他在《汇编》中组合的以确定行星轨迹的许多运动不具备物理实在；在天上实际产生的只有合运动。

在天文学家为了拯救现象而因此分配给行星的运动中，他是否会遇到任何与天体的本质属性相冲突的运动？一点也不会碰到，无论是什么样的运动： 18

> 在这些运动发生的地带，不存在被天然地赋予力量来反抗这种运动的本质。在那里所发现的东西毫不在乎地顺从每个行星的自然运动，并允许它通过，即使几个运动发生在不同方向。因此，所有的星体都可以通过，并且借助那里均匀四溢的液体得到感知。

虽然这个陈述很简洁，但是它让我们清楚地了解托勒密关于天文学假设的学说。

我们放到一起以获得行星轨迹的各种各样的旋转，如同心圆、偏心圆和本轮，是为了用我们能找到的最简单的假设得出这些现象而组装起来的装置。我们必须十分警惕这些机械构造在天空中是最不真实的想法。行星的轨道壳层充满了液体，对浸没在其中的物体的运动没有任何阻力。被液体包围的行星，划出它们的或多或少复杂的轨迹，不存在任何刚性球体指引它们沿着它们的路线运行。托勒密的天文学说当然更加精致，然而他依靠与克莱安西斯的物理学十分类似的物理学。他完全无视德西尔莱德斯、阿佛洛狄西亚的阿德拉斯图斯和士麦那的西昂对这种物理学的反对。

托勒密对希帕恰斯理论的态度，使他已经背弃了阿德拉斯图斯和西昂诉诸的原理，这一点非常清楚。太阳的运动同样合理地得到拯救——不论是让它划出与宇宙偏心的圆周，还是让它按照中心始终保持和宇宙中心等距的本轮转动。这些假设中，哪一个是正统物理学需要我们采纳的假设呢？阿德拉斯图斯和西昂认为是本轮假设，因为一个由刚性球体构建的模型——一个球体被另一个球体包裹着——会让我们描绘出太阳的运动。托勒密认为，"选择本轮假设更合理，是因为它更简单，并且因为它只设想单个运动而不是两个运动。"①

托勒密在这段文字中阐述的学说，看来已经毫无保留地被普

---

① *Almagest* 3.4 (Halma ed., vol.1, pp. 183-184).

罗克洛斯采纳，他在自己的著作中多处论述了它。

在他一连串介绍了托勒密的天文学假设、名为《天文学家的　19
假设》的著作的结尾处，他尤其考察了它。①

普罗克洛斯的全部努力是为了表明，得以合成行星运动的、假设的偏心圆运动和本轮运动是纯粹抽象的。这些运动不存在于别处，只存在于天文学家的心智中。它们在天上不存在。唯一真实的运动是每个行星复合的、未分解的运动。

这个主张径直与下述学说背道而驰：天体的本质要求它们只能承担圆周运动和匀速运动。普罗克洛斯充分认识到这一点，于是这样说道：

> 假定天体运动一致性的天文学家，没有认识到这些运动的实质恰恰相反，具有不规则性。

借助物理学家制定的原理，这些天文学家认为行星复杂的和不规则的运动——这对视觉而言显而易见——是沿着偏心圆和本轮产生的几个简单运动的合成。对于他们来说，后者是唯一真实的运动，而前者是"纯粹的外观"。

现在关于这些偏心圆和本轮，存在两种流行的看法：

> 这些圆周纯粹是虚构的和想象的；

---

① Ptolemy, *Hypothèses et époque des planètes* 和 Proclus Diadochus *Hypotyposes ou représentations des hypothèses astronomiques*, 由哈尔马首次从希腊语译成法语，(Paris, 1820); Proclus, *Hypotyposes* (Halma ed., pp. 150-151)。

它们在行星天球中具有真实的存在，并且一定会在这些天球内部发现它们。

如果偏心圆和本轮，更确切地说划出它们的行星运动纯粹是概念的，为什么它们应当是唯一真实和真正的运动，而被观察的运动是"纯粹的外观"呢？那些坚持这个学说的人

……忘记这些圆周只存在于思想中；他们互换了自然物体和数学概念；用自然中不存在的事物来说明自然运动。①

20　　另一方面，如果选择另一个看法，坚称偏心圆和本轮不是概念的，而是在天体本质上的实体呈现，那么很快就会陷入矛盾：

由于承认行星的不规则运动确实是由这些圆周产生的，并且后者确实存在于天穹上，这些天文学家破坏了包含这些圆周并且让它们运动的天球的连续性，因为一些天球按这个方向运动，另一些天球按相反的方向运动，而且前者遵循与后者不同的定律。

然而，既然由天文学家提出的组合运动纯粹是概念的并且缺乏实在性，那么就没有必要借助物理学原理证实它们，只需要按

---

① 很明显，文中 ἐκ τῶν ἐοικούντων ἐν τῇ φύσει 应该是：οὐκ οἰκούντων。

照拯救现象这样的方式安排它们。天文学家

不像在别的科学中那样，靠从假设出发得出结论；相反，他们以结论为出发点努力构建假设，根据这些假设，必然会产生与原始结论相一致的效果。（οὐκ ἀπὸ τῶν ὑποθέσεων τὰ ἑξῆς ουμπεραίνουσιν, ὥσπερ αἱ ἄλλαι ἐπιστήμαι ἀλλ᾽ ἀπὸ τῶν συμπερασμάτων τὰςὑποθέσεις ἐξ ὧν ταῦτα δεικνύναι ἔδει πλάττειν ἐγχειροῦσι）

当这些假设使我们能够将行星的复杂运动分解成简单运动时，我们不要以为我们现在已经发现了视运动后面的真实的运动。真实的运动**就是**视运动。所达到的目的也比较适度，我们只是简单地使天体现象易于计算：

构造这些假设的目的在于发现行星运动的形式，它实际按照所显露的那样运动。然而多亏假设，我们可以着手测量行星外观的细节。（ἵνα γένηται καταληπτὸν τὸ μέτρον τῶν ἐναὐτοῖς）

早些时候，托勒密曾告诫过天文学家不要将神的事物与人的事物相比较。这种适度的要求——非常适合人类科学的要求——得到普罗克洛斯的重视，因为它与他的柏拉图主义完全一致。

由于我们的弱点，在我们用来表示"是什么"的一系列图像中引入了不精确性。为了认识，**我们**必须使用图像、感官，以及众多其他工具，因为众神已经为其中一位即神圣心智保留了这些东西。当我们处理地上事物时，由于构成它们的质料的不稳定性，我们满足于把握在多数情况下发生的事情。但是当我们想要认识天上的事物时，我们使用感觉，使出各种发明物就完全不可能了。因此，当这些事物中的任何一个成为研究对象时，我们，如俗语所说的居于宇宙最低层次的人，必须满足于"近似"（τὸ ἐγγὺς）。关于这些天上的事物的发现清楚地表明事情就是这样——我们根据不同的假设，得出关于相同对象的相同结论。在这些假设当中，一些借助本轮拯救现象，另一些借助偏心圆拯救现象，还有一些借助没有行星的反转天球拯救现象。①

当然，众神的判断更加肯定。但是对于我们来说，我们必须满足于"接近"那些事物，因为我们是人，我们根据可能的事情来说话，我们的讲演类似于寓言。②

天文学无法把握天上事物的实质。它仅仅给我们它们的图像。而且甚至这个图像也远非精确，它仅仅是近似的。天文学取决于"差不多这样"。我们用来拯救现象的几何手段既不真实也不可靠。它们纯粹是概念的，任何使之具体化的努力必定引起矛盾。为了提供符合观察的结论这个唯一的目的把它们组合在一

---

① 普罗克洛斯在这里指欧多克索斯、卡利普斯和亚里士多德的反转天球。

② 很明显普罗克洛斯暗指 *Timaeus* 29 and elsewhere。非常不可思议的是，事实上迪昂并没有做到他同我们说的，我们必须——"回到柏拉图"——英译者

起，不能绝对明确地确定它们。十分不同的假设可能产生完全相同的结论，一个拯救了外观，另一个也拯救了外观。我们也不应该对天文学具有这样的特性感到惊讶：它向我们显示人的知识是有限的和相对的，并且人的科学无法与神的科学竞争。普罗克洛斯的学说就是这样，当然它与亚里士多德的《论天》和《形而上学》这样雄心勃勃的物理学——声称已经把关于天上事物的本质的推测，推进到得出天文学的基本原理的地步——存在遥远的距离。

在不止一个方面，可以把普罗克洛斯的学说比作实证论。在对自然的研究中，它像实证论那样，将人类知识可以认识的对象与那些基本上不可认识的对象区分开。然而普罗克洛斯所说的分界线与约翰·斯图尔特·米尔所说的分界线并不是同一个。

普罗克洛斯把对构成尘世的元素和化合物的研究交给了人 22 类理性；我们可以认识它们的本性；我们可以建造一个属于生成和腐败的物体的物理学。然而对于天上的物质，我们只能认识外观，只有神圣的**逻各斯**才能理解它们的**本性**。

当同样的本性既分配给天上的物体也分配给地上的物体，这个学说就必须要修改了。通过把普罗克洛斯为星体保留的东西扩展到所有物体，通过声称人类知识只能认识物质可感觉的效应，却无法认识其内在本性，现代实证论产生了。

不倾向于极端解决办法的折中主义者辛普利西乌斯，在亚里士多德和普罗克洛斯之间采取一种中间立场。

在亚里士多德一边，他认为圆周运动和匀速运动是天体运动的根本运动；他只是不同意斯塔吉里泰认为"以太"的每个部分必然围绕宇宙中心旋转的论点。行星的不规则运动如普罗克洛斯声称的那样，并不是它们的唯一真实运动。相反，它们是由几个圆周运动和匀速运动的组合行为所产生的复杂的外观。

这些在物理学中系统阐述的原理，给天文学提出了下面的问题：把每个行星的运动分解为圆周运动和匀速运动。但是一旦它指派了这个任务，对天体实质的研究并不能给天文学家提供完成的方法：它无法告诉他，哪些运动是真正的圆周运动和匀速运动，即那些真正决定一个行星的表面路线的运动。

于是天文学家以另外的方式处理这个问题。他想象某种圆周和匀速运动，这些运动要么是由没有行星的同心球产生的，要么是由偏心圆和本轮产生的。他将这些运动组合起来，直到他成功地拯救了现象。然而一旦达到这个目标，他应当注意不要匆忙得出结论，就此认为他的假设阐述了行星的真实运动。他所设想和组合的简单运动，与其说是天体的真实运动，不如说是对我们的感官来说很明显的不规则的和复杂的运动。

既然天文学家的假设不是真实而仅仅是虚构，其全部意图在于拯救现象，那么我们就不应当对不同的天文学家试图借助不同假设达到这个目的而感到惊奇。

23 　　我们认为，辛普利西乌斯的学说就是这样的。在我们看来，他在著作的不同段落清晰地阐述了它。这里有一些我们记得的段落：

　　　　当然，对这些假设的看法不同这个事实并不是控诉的理由：因为目标是弄清借助什么假设我们可以拯救现象。那么，当不同的天文学家尽力从不同假设着手拯救现象时，没有理由感到惊讶。（Δῆλον δὲ, ὅτι τὸ περὶ τὰς ὑποθέσεις ταύτας διαφέρεσθαι οὐκ ἔστιν ἔγκλημα τὸ γὰρ προκείμενόν ἐστι, τόνος ὑποτεθέντος σωθείη ἂν τὰ φαινόμενα; οὐδὲν οὖν θαυμασὸν, εἰ ἄλλοι ἐξ ἄλλων ὑποθέσεων ἐπειράθησαν διασῶσαι τὰ φαινόμενα）[①]

天文学家的奇特问题如下。首先，他们给自己提供某些假设：与欧多克索斯和卡利普斯同时期的古代人采用"反转天球"的假设；在《物理学》中讲解天球系统的亚里士多德，肯定也算作他们中的一员。随后的天文学家提出偏心圆和本轮的假设。从这样的假设着手，天文学家接着试图表明所有天体都在进行圆周运动和匀速运动，试图表明当我们观察这些物体时，不规则性变得很明显——它们的运动时快时慢；它们的运行时而向前时而向后；它们的纬度时而朝南时而朝北；它们在天上同一区域各种各样的逗留；它们的直径一度显得很大，在另一些时候又显得很小——以及试图表明所有这些事物和所有类似的事物不过是外观，而不是实际存在的事物……[②]

为了拯救这些不规则，天文学家设想每个星体同时由几个运动推动——一些人假定沿着偏心圆和本轮运行的运动，另一些人诉诸与宇宙同心的天球（所谓的反转天球）的运动。

---

① Simplicius, *In Aristotelis quatour libros de Coelo commentaria* 1.6 (Karsten ed., p. 17, col, b; Heiberg ed., p. 32).

② 同上书，2.28 (Karsten ed., p. 289, col. b; Heiberg ed., p. 422)。

但是正如行星的逗留和逆向运动那样，虽然说外观不能被看作实际存在的事物（它们与其是真实的，不如说是我们在研究这些运动时碰到的数字的加减），符合事实的说明同样不意味着假设是真实且存在的。通过推理天体运动的本性，天文学家可以表明，这些运动没有任何不规则性，它们是匀速的、圆周的，并且总是遵循相同方向。但是他们不能确定究竟在何种意义上，这些排列所带来的后果仅仅是虚构的，根本不是真实的。于是他们满意地断言，借助圆周的、匀速的、并且总是遵循相同方向的运动，拯救游星的视运动是可能的。①

24　　这个学说在每一点上都类似于波希多尼详尽阐述的学说，盖米努斯为我们保存了对这个学说的记录。因此，辛普利西乌斯将其插入到他对亚里士多德《物理学》的评注中，并且他似乎已经把它视为对数学家和物理学家各自作用的最恰当的解释，这是不足为奇的。

---

① Simplicius, *In Aristotelis quatour libros de Coelo commentaria* 2.44 (Karsten ed., p. 219, col. a; Heiberg ed., p. 488).

# 2. 阿拉伯哲学和犹太哲学

希腊人坚持不懈地将他们的几何学才能，运用于把游星的复25杂而无规律的运动分解成少数简单的圆周运动，而且他们的努力取得了相应的成功。不久，他们将他们同样出色的逻辑和形而上学才能用于天文学家设计的动力组合研究。在最初的犹豫后，他们对偏心圆和本轮真的是高居天穹的物体这一点拿不定主意。对希腊人来说，它们只是对天上现象进行计算所必需的几何学虚构。如果这些计算与观察结果一致，如果"假设"成功"拯救现象"，那么天文学家的问题便解决了。在这种意义上，天文学假设是有用的。通常来讲，只有物理学家才有权说出它们是否符合真实。但是他能够确证的原理太笼统了，与具体事物相距太远，以致无法授权给他，让他宣布那种判断。

希腊人非凡的几何智慧并没有作为遗产传给阿拉伯人。阿拉伯人也没有希腊人显著可靠的和精确的逻辑感。对希腊天文学家设法把行星的复杂路线分解成简单运动所依据的假设，他们只是做了十分微小的改进。而且，当他们力图弄清这些假设的本性，最终审察它们时，他们的眼光无法与一位波希多尼、一位托勒密、一位普罗克洛斯或者一位辛普利西乌斯的洞察比肩；他们是想象26

的奴隶，他们试图领会并论及希腊思想家宣布的虚构的和抽象的东西。他们想要用天穹上正在滚动的刚性天球，来体现托勒密和他的后继者们作为计算的机制而提供的偏心圆和本轮。

而且我们发现，直到很晚的时候，阿拉伯天文学家才开始感到有必要质疑天文学假设。长期以来，那些研究《至大论》的人将他们自己局限于组织释义、概括和评注，并且创建方便应用其原理的一览表。他们绝不会调查支撑整个托勒密体系的假定的要义和本性。在阿布·瓦法、阿尔弗加南以及阿尔巴特南的著作中，人们会徒劳地搜寻关于偏心圆和本轮的真实程度的最微末的洞察。换句话说，科学正在经历这样一个时期，即科学专家们沉湎于完善理论应用和观察方法，他们既没有时间也不渴望质疑科学大厦根基的合理性。在科学发展的过程中经历了这样几个时期，在这期间批判功能沉睡了；然而不久以后它又苏醒了，现在更渴望质疑物理学说的原理而不是从它推导出新结论。

为了找到一位讨论托勒密构想出来的机制的本性的作者，我们必须一路跳到九世纪末。

那时，博学多产的塞比教徒[①]的天文学家塔比·伊本·库拉创作了一篇论文，在文中他试图将物理构造归于也许符合托勒密体系的天空。这篇论文不在流传给我们的用拉丁语翻译的作者的著作之列；我们只是通过直接读过它的迈蒙尼德和大阿尔伯特的证明了解它。从他们那里我们知道，塔比·伊本·库拉借助在可能压缩也可能膨胀的液体以太中滚动的坚硬轨道壳层——一些是中

---

① 在古兰经中将萨比教徒与伊斯兰教徒、犹太教徒及基督教徒并列为一神教徒。——译者

空的，一些是充盈的——构造天空。

使塔比·伊本·库拉在质料上"实现"托勒密假设，通过刚性或柔性物体"体现"它们从而让它们摆脱纯粹几何的、抽象的特性，这样的倾向持续支配着穆斯林思想者们的全部科学工作。在塔比死后的一个多世纪，我们发现它确定了伊本·阿尔·海塔姆（《阿尔哈增的透视》的作者，这本谈论光学的著作，直到文艺复兴时期都十分流行）的研究方向。

伊本·阿尔·海塔姆的《天文学概要》用阿拉伯语书写，被雅各布·本·麦奇尔（普罗法蒂乌斯）翻译成希伯来语，接着又由巴尔麦的亚伯拉罕从希伯来语翻译成拉丁语。相继经过这两个版本后，这部专著的阿拉伯语序言被转变成绝对令人吃惊的大杂烩。在修饰前言①所用的无数废话中，仍然有几页似懂非懂，尽管如此，作者的原始思想仍闪耀着光芒。在这里，我们发现，阿拉伯天文学家竭力反对的人为了解释天上运动，

> 借助一个理想的点沿着假想圆的圆周运动，构造了抽象的证明。……这样的证明只有根据这些作者头脑中的对象，比如他们所定义和描述的测量才有意义。……我们要把被托勒密视为纯粹抽象的圆周和虚构地点的运动，放到由同样的运动推动的球面或平面上。这样我们获得了更加确切也更加清晰易懂的表述。……我们的证明要比只使用这个理想地点

---

① Maurice Steinschneider, "Notice sur un ouvrage astronomique inédit d'Ibn Haitam," *Bulletino di bibliografia e di storia delle scienze matematiche e fisiche* (B. Boncompagni, 1883), vol. 14, pp. 733–736.

和这些虚构圆周的证明更简洁。……我们给每一个运动都提供相应简单、持续和永久的球体运动，用这样一种方式，我们已经对各种发生在圆周内的运动进行了研究，对每一种运动我们都提供了相应简单的、连续的、永恒的球体运动。我们这样赋予运动的物体可以同时动起来，这个动作与分配给它们的位置不冲突：它们不会遇到有可能碰撞它们并且打击或粉碎它们的任何东西。而且在运动时，这些物体将与介入的物质保持连续。……

塔比·伊本·库拉和伊本·阿尔·海塔姆属于相同的智力家族，即阿佛洛狄西亚的阿德拉斯图斯和士麦那的西昂的智力家族。被简化为几何虚构的抽象假设，无论它们多么恰当地合乎现象都无法使他们满意。但是一旦他们成功地用陶工或雕塑家制成的物体，并且这些物体被排列得使它们能够相互绕转来表现这些假设，他们的想象——现在它的需要得到了满足——就误认为自身是理性的，并且认为它已经洞察到了事物的本性。

在每个时代我们都会遇到这样的见解。它们在伊本·阿尔·海塔姆之后很久又重现了。在普罗法蒂乌斯《天文学概要》译本的前言中①，他告诉我们，"一个来自遥远地区的人发现阿尔弗加南书中的论证与存在的事物的本性不相称，这促使他翻译"伊本·阿尔·海塔姆的著作。现在阿尔·海塔姆提出的刚性天球的

---

① Maurice Steinschneider, "Notice sur un ouvrage astronomique inédit d'Ibn Haitam," *Bulletino di bibliografia e di storia delle scienze matematiche e fisiche* (B. Boncompagni, 1883), vol. 14, p. 723.

机械装置——实际上是对辛普利西乌斯观点的发展——使人想到托勒密体系的机械模型，藉此，《天文学概要》大大促进了托勒密体系在西方基督教徒中的最终胜利。不过，用不了多久，在伊本·阿尔·海塔姆的著作中详尽阐述的假设就会以物理学原理的名义受到抨击，恰恰因为**这些假设被**断言表示事物的本性。

　　扼要地概述一下，可以把天文学假设看作几何学家为了便于计算天上运动而组合的数学虚构；或者可以把它们看成对具体物体和实际发生的运动的描述。在第一种情况下，只有一个条件强加于假设，那就是它们拯救现象；在第二种情况下，天文学家的智力自由被证明是非常有限的，因为如果他是一位声称了解有关天上实质的东西的哲学的拥护者，那么他必须使他的假设符合那个哲学学说。

　　托勒密和他以后的希腊思想家采取这两种观点中的第一个。因此他们能够组合他们的几何学理论，而无须关心在他们中间或者与同时期的人争论的各种物理学观点。他们能够选择他们的假定，而不用费心考虑在他们的计算结果与观察事实之间的一致以外的任何事情。

　　然而，追随塔比·伊本·库拉和伊本·阿尔·海塔姆的阿拉伯天文学家，想要使他们的假设符合实际存在的刚性或柔性物体的真实运动。因此他们的假设有责任解释物理学定律。

　　现在，多数伊斯兰哲学家认可的物理学是逍遥学派的物理学，即索西琴尼和齐纳查斯很久以前通过表明本轮的实在无法与偏心圆的事实相协调，从而反对关于偏心圆和本轮的天文学哲学。阿拉伯哲学家的实在论必然促使伊斯兰的逍遥学派与《至大论》的 29

信条进行热情洋溢而又冷酷无情的斗争。

那场斗争将持续到整个12世纪。

迈蒙尼德告诉我们，伊本·巴迪亚（拉丁经院哲学家阿芬巴塞）排斥与亚里士多德的物理学原理不一致的本轮。据阿维罗伊和阿尔·比特鲁吉所说，阿布·贝克尔·伊本·图法伊尔（该"学派"的阿布·巴瑟）又进了一步：他试图构思一个从中清除本轮也清除了偏心圆的天文学。

阿维罗伊尤其大地受惠于抵制《至大论》假设的哲学家："他的哲学直接以伊本·巴迪亚为出发点；伊本·图法伊尔是他命运的主宰。"[1]因此，他的智力结构使他很容易加入到反对托勒密的斗争中。

他狂热地忠于亚里士多德使他同样倾向于这方面。他在对《物理学》评注的前言中说道，亚里士多德

> 创立并完成了逻辑学、物理学和形而上学。我说他创立了它们，是因为在他以前写就的有关这些科学的著作都不值得提及，而且与他自己的著作相比都黯然失色。我说他完成了它们，是因为在他以后直到我们自己的时代，也就是说在将近1500年的时间里，没有人能够在他的著作中补充任何东西，或者发现任何重大的错误。

采取这些路线的作者，必然将希帕恰斯和托勒密用来取代

---

① Ernest Renan, *Auerroès et I'Auerroisme, essai bistorique* (Paris, 1852), p.11.

《论天》中提出的原理的那些假定，看成是错误的。

阿维罗伊对《论天》的评注确实不仅解释了同心球系统，也为这个系统提供了亚里士多德的物理学所能提供的全部支持。它也包含了对在《至大论》中详尽阐发的系统的十分严肃和尖锐的批评。[1]当他对《形而上学》十二卷进行评注时，他又提到了这个批评。[2]

在这里，我们不能深入探究阿维罗伊冗长的反对托勒密假设的理由。我们必须仅限于挑选评注者揭示他通常如何思考天文学 30 理论的那些段落。

其中一段非常值得注意：

> 在导致我们相信偏心圆和本轮存在的数学科学中，我们一无所获。
>
> 天文学家提出这些轨道存在，就好像它们是原理一样，然后根据它们推出结论，这些结论正是感官所能确定的。他们用这样的结果绝不能证明，他们曾当作原理而使用的假定反过来是必要的。[3]
>
> 现在，通过逻辑学我们知道，每个证明从较为熟悉的

---

[1]　*Aristotelis De Caelo cum Auerrois Cordubensis commentariis*, lib. 2, summae secundae quaes. 2, comm.32; lid.2, quaes. 5, comm. 35.

[2]　*Aristotelis Metapbysica cum Auerrois Cordubensis expositione*, lib. 12, summae secundae cap. 4, comm. 45.

[3]　这个讨论很显著地出现在迪昂的**论文**中，要真正理解它的含义和重要性，建议读者查阅 Heath's edition of Euclid's *Elements* (New York: Dover Publications, 1956), index (in vol. 3) "analysis (and synthesis)"。——英译者

东西推导不太清楚的东西。如果较为熟悉的东西在不怎么了解的东西之后，那么我们拥有一个"既然如此的证明"（demonstration *quia*）。但是如果较为熟悉的东西在不怎么了解的东西之前，那么可能出现两种情况：有可能证明对象的存在是不清楚的，而它的原因是已知的。在这种情况下我们拥有一个绝对的证明，它使它的对象的存在和原因都成为已知的。但是如果未知的是对象的原因，我们只会拥有一个"因此之故的证明"（demonstration *propter quid*）。

但是我们正在讨论的理论都不属于这两种论证模式。因为在这个理论中，原理对我们是隐藏的，但是它们绝不是已知结果所必需的。尽管天文学家并不知道这些原理，但是却乐于假定它们。

而且，如果你考虑到天文学家在推进他们的原理时记住的效应，你会从中发现没有任何东西可以从本质上必然地得出事物的本来面目。制定了未知的原理并且从中推导出已知的结论后，天文学家只不过采取了换位法则。[①]

先验地提出数学假设，然后从这些假设中推导出与观察事实相符的结论，这恰恰是——对追随托勒密的天文学家来说——构建理论的人的基本任务。认为经验在证明推论的结果时，把推论的前提转化为已证明的真理，那是相当荒谬的。没有任何证据表明，完全不同的前提不会导致相同的结论。阿维罗伊警告天文学

31

---

① Averroes, *De Caelo* 2.35.

家忽视这一事实的错误，他当然是正确的。但是一个理解他的科学的真正目的的天文学家，像波希多尼、托勒密、普罗克洛斯以及辛普利西乌斯这样的人就不会陷入这个错误，不会陷入评注者所说的恶性循环；他不需要他的假设证实他的体系是**正确的**，也就是与事物的本性相一致。对他来说，如果计算结果与观察结果一致——**如果拯救了外观**——就足够了。

但是阿维罗伊拒绝用这种天文学理论来做文章。他要求天体运动的科学从物理学的教义中获取原理，从在他看来是唯一正确的物理学即亚里士多德的物理学中获取它的原理。

> 因此，天文学家一定要构建一个天文学体系，使得天上运动都服从它，并且不包含从物理学的立场看是不可能的任何东西。……托勒密不可能看到建立在真实基础上的天文学……本轮和偏心圆是不可能的。因此，我们必须致力于基础是物理学原理的那个真正天文学的全新的研究。……实际上，在我们的时代天文学是不存在的；我们所拥有的是符合计算，而不是与是什么相一致的某种东西。[①]

阿维罗伊从来没有找到空闲从事他认为必要的工作——构建一个天文学体系，它不仅仅拯救外观，而且依赖与事物本性相符合的假设，依赖从亚里士多德的物理学和形而上学中引出的原理为基础的天文学。他写道："当我年轻时，我希望自己能够完成这

---

① Averroes, *Metaphysica*, lib. 12, summae secundae cap.4, comm. 45.

项研究；既然我老了，我已经放弃了那个希望；但是也许这些话会使其他人从事这样一项研究。"①阿维罗伊的愿望被他的同龄人和同学阿尔·比特鲁吉完成了。

阿尔·比特鲁吉（阿尔皮特拉朱斯）与阿维罗伊一样是伊本·图法伊尔的学生，也是托勒密的坚决反对者（他似乎仅仅按照塔比·伊本·库拉所表示的形式了解托勒密的著作），他着手用一个新的体系代替《至大论》的学说。他像阿维罗伊一样断言，他的行星理论所依靠的原则可以通过物理学的理由来证明；他甚至要把他的论文称为《由物理学论据证明的行星理论》（*Planetarum theorica, physicis rationibus probata*）②。

但是，老实说，为阿尔·比特鲁吉提出的原理而援引其权威的形而上学，与亚里士多德的第一哲学③仅仅存在微乎其微的相像。阿尔·比特鲁吉的形而上学直接来源于因果律（Liber de causis），阿拉伯人将之归于亚里士多德，直到托马斯·阿奎那时代，其真正起源才为基督教经院哲学家所了解，当时认为这本书是从普罗克洛斯那里借用来的片断的大杂烩。

---

①　Averroes, *Metaphysica*, lib. 12, summae secundae cap.4, comm. 45.

②　Al-Bitrogi, *Planetarum theorica, physicis rationibus probata, nuperrime latinis litteris mandata a Calo Calonymos Hebreo Neapolitano. ubi nititur salvare apparentias absque eccentricis et epicyclis.* Colophon: Venetiis, in aedibus Luce antonii Junte Florentini (January, 1801).

③　古希腊哲学家亚里士多德的用语，即形而上学，为后来所说的哲学。在《形而上学》第4、第6卷中，他探讨了第一哲学的对象和范围：其他各门具体科学都是以"存在"的某一方面为对象的，例如数学只研究"存在"的量的属性；而专门研究"存在"本身以及"存在"凭借自己的本性而具有的那些属性的科学，称之为第一哲学。——译者

即使支持阿尔·比特鲁吉同心球天文学（在这方面与亚里士多德的天文学相似）使人更多地想起柏拉图学园而不是吕克昂学园，它还是比其他天文学更受到后来中世纪和早期文艺复兴时期不妥协的逍遥学派的喜爱。和一丝不苟地拯救天体现象相比，他们更渴望保留"哲学家"和"评注者"的原理。

而且，这个系统除了让希望将天文学建立在物理学所证明的、符合事物本性的假设上的阿维罗伊的忠实弟子感到满意之外，还吸引了那些有想象力的人，他们坚持认为理论可以由工匠用泥土制成的物体来模拟。以前从未有过更简单的权宜之计可以满足这一要求，因为九个同心球壳层，整齐地一个套在另一个里面，代表整个天体机器。

直到哥白尼时代，阿尔·比特鲁吉的文章和他的模仿者的努力将与托勒密系统竞争，以获得意大利阿维罗伊者的支持，通常前者占上风。

看来那时阿拉伯人一致认可天文学假设一定要符合事物本性的原则。他们中的一些人认为这意味着天文学假设必须从被看成是确定的物理学中推导出来；另一些人则认为它关涉这样的前提，即天文学假设可以借助被精巧地雕刻和排列的刚性物体表示。他们中没有一个人达到了希腊思想家所阐明的学说，例如天文学假设不是关系事物本性的判断；没有必要认为它们应当从物理学原理推导出来，甚至也没有必要认为它们应当与这些原理一致；没有必要认为它们可以借助相互旋转的、适当排列的刚性物体表示，因为作为几何学虚构，除了拯救外观以外它们不起什么作用。

在阿拉伯语著作中，没有一部著作包含哪怕一点点这种希腊学说——12世纪犹太人摩西·本·迈蒙（迈蒙尼德）的论哲学和神学的伟大著作是个重要例外。在《迷途指津》这部著作[1]中，博学的拉比[2]用几页说明了他关于天文学体系的观点。

在迈蒙尼德的全部天文学讨论中占支配地位的观点，即闪米特人的[3]逍遥学派内部的新观点，并且在这种环境下，由于它的有洞察力的怀疑倾向而令人吃惊的观点，是由托勒密提出并且由普罗克洛斯详尽阐述的观点：天上事物的知识，关于它们的实质和真正本性，非人的能力所及；我们孱弱的理解力只能理解地上的事物：

> 我已经答应你们，我将用一章向你们解释重大疑惑，如果有人认为人们已经获得了关于天球运动的排列，以及天球运动是按照必然性法则呈现的、其秩序和排列都是清楚的事物的知识，那么这些疑惑会影响到那些人。现在我就要向你们解释这个疑惑。[4]

在一个与阿维罗伊和阿尔·比特鲁吉十分相似的讨论中，迈蒙尼德接着表明，关于天文学家假定的本轮和偏心圆，什么是精

---

[1]　Moses Maimonides, *The Guide of the Perplexed,* ed. and trans. Shlomo Pines (Chicago: University of Chicago Press, 1963).

[2]　犹太教中负责执行教规、律法并主持宗教仪式的人。——译者

[3]　古代包括巴比伦人、亚述人、希伯来人和腓尼基人等；近代主要指阿拉伯人和犹太人。——译者

[4]　Moses Maimonides, *The Guide of the Perplexed,* ed. and trans. Shlomo Pines (Chicago: University of Chicago Press, 1963), pt. 2, chap. 23, p. 322.

通逍遥学派物理学的人所不能接受的。

接下来他又说道：

现在考虑一下这些困难有多大。如果亚里士多德关于自然科学所说的是真实的，那么就不存在本轮或偏心圆以及环绕地球中心旋转的任何东西。但是如果那样，各种星球的运动是如何发生的呢？如果不使用两个原理的一个或者两个来解释这一点，那么运动一方面应当是圆周的、匀速的和完美的，另一方面可观察的事物应当因此而得到观察，这有可能吗？如果接受托勒密关于月球的本轮及其偏离世界中心以外、偏心圆圆周中心以外的每件事情，那么将会发现，对这两个原理的假设所做的计算甚至不会有丝毫差错。……这时，这个考虑会更强烈。进而，在假定本轮不存在的情况下，如何设想星球逆行，以及连同它一起运动的其他运动呢？另一方面，如何想象天空中旋转的运动或者绕着不动的中心的运动呢？这是真正的困惑。[①]

一个人如何使自己摆脱这个困惑呢？用波希多尼、盖米努斯、托勒密和辛普利西乌斯的方法。迈蒙尼德采用希腊思想家的学说，他们用来表达他们思想的术语几乎与他的完全相同。

例如，考虑下面段落，它只提到托勒密的名字，但是听起来就像辛普利西乌斯本人在讲话：

---

① Moses Maimonides, *The Guide of the Perplexed,* ed. and trans. Shlomo Pines (Chicago: University of Chicago Press, 1963), pt. 2, chap. 24, pp. 325-326.

要知道，关于所提到的天文学问题，如果一个完全具有数学头脑的人读到并且理解它们，他就会认为它们形成一个有说服力的证明，证明天球的形状和数目如同陈述的那样。现在事情并非如此，并且这并不是天文学科学所要探寻的。其中一些问题确实建立在证明它们是那样的基础上。因此已经证明太阳的轨道与赤道倾斜。关于这一点不存在疑问。但是太阳有一个偏心球还是有一个本轮，还没有证明。现在，天文学的主宰者不管这个，因为这门科学的目标就是假设一种排列，它让星球的运动有可能成为没有加速或减速或内部变化的匀速的和圆周的运动，并使从该运动的假设中必然得出的推论与观察到的情况一致。同时，天文学家尽最大可能地减少天球的运动和数目。例如，如果我们假定，我们设想一种排列，借助它，与一个特定星球运动有关的观察可以通过三个天球的假定得到解释，而借助另一种排列，同样的观察可以通过四个天球的假定得到解释，那么我们最好依靠假定了较少运动数目的排列。由于这个原因，在太阳的例子中，正如托勒密提到的，我们选择了偏心圆的假设而不是本轮假设。[①]

为什么天文学家没有能力将他的假设转变成已经证明的真35　理？原因是人类科学的局限性，它无法获得天上事物的知识。托勒密已经暗示了这个解释；普罗克洛斯较为充分地陈述了它，迈

---

① Moses Maimonides, *The Guide of the Perplexed,* ed. and trans. Shlomo Pines (Chicago: University of Chicago Press, 1963), pt. 2, chap. 11, pp. 273-274.

尼蒙德又进而重申它：

> 在这里我要重复以前说过的话。亚里士多德关于地上事物所说的一切与推理一致；这些是具有已知原因的事物，是一个由另一个引起的事物，并且关于这些事物，智慧和自然天意在哪些方面是有效的，这是清楚明了的。然而关于天上的一切事物，人们掌握的只是一点点数学上的东西，并且你们知道其中的内容。因此，我将以诗意的方式珍重地说：**天，是耶和华的天；地，是耶和华赐给人子的地**（Ps.114:16）。我由此意指只有上帝才完全了解天的真正的实在、它的本性、实质、形式、运动和原因。但是上帝使人能够了解天以下的事物，因为那就是他的世界和他的居所，他被安置到那里而且他本身就是其中的一部分。这是事实。因为我们不可能同意那些论点，从它们出发就可以得出关于天体的结论；因为在位置和级别上，后者离我们太远了，而且太高了……用那些他们无法把握，并且也没有工具来把握的概念使心智疲劳，这是先天的缺陷，或是某种诱惑。①

试图建立一种地上物理学，让我们了解元素及其化合物的真正属性，这是合理的；但是试图构建一种天上物理学，声称通过其原理了解以太，这是狂妄的。这就是迈尼蒙德的结论。

---

① Moses Maimonides, *The Guide of the Perplexed,* ed. and trans. Shlomo Pines (Chicago: University of Chicago Press, 1963), pt. 2, chap. 24, pp. 326–327.

# 3. 中世纪基督教的经院哲学

　　哪种天文学学说最适合人采用呢？是使用托勒密的体系还是依靠阿尔·比特鲁吉的理论呢？《至大论》的几何学构造是绝妙的，适于拯救现象。使用这些构造，计算者们能够建立预言天体运动细枝末节的一览表，并且这些表上的记载与观察事实之间的差异是极其微小的。然而，作为这些构造基础的假设，它们的提出并不符合逍遥学派的物理学；更重要的是，这种物理学产生的论证往往会推翻托勒密假设。另一方面，阿尔·比特鲁吉的理论的确充分重视亚里士多德的物理学（即成为这样的物理学具备的条件），但是它的推论，早在产生可以与观察相比较的结果之前就中断了。我们无从得知这个学说是否可以拯救现象：它的推论没有被推到足可以考虑建立天文表和天文历的程度。

　　13世纪的基督教经院哲学在这两个天文学体系之间悬而未决——一方面受到强烈的好奇心的驱使，产生自然科学要符合经验告诫的愿望；由于它重视"哲学家"的形而上学，又被引到另一个方面。在经院神学家中间有一些人，他们认识到困境的解决取决于恰当地归因于天文学假设的价值问题。

　　凡尔登的贝尔纳在他的《天文学大全记事》（*Tractatus super*

*totam astrologiam*）① 中，对两个体系之间的争论做了详尽的记述后，决定支持托勒密的体系。在他看来，支撑这个体系的假设是真实的，它们的真实性是由它们所包含的命题长期以来与观察到的运动相一致这个事实所证明的；在他看来，应当把这些假设看作事实的真理：它们的确定性是感官经验的直接结果，而且由于它先于任何证明并且支配证明，而避开了证明：

第一条道路 ［阿尔·比特鲁吉的理论］ 是不可能的。它对拯救以前列举过的现象——每一个明智的人必定承认的现象——不够充分。因此，第二条道路，即在于假定偏心圆、本轮和众多轨道……方面，是必要的。根据这个理论，我们刚才一直谈论的所有缺点得以避免，并且前面几章列出的外观得到拯救。由于采用它作为我们的出发点，我们能够确定和预测我们可以了解到的有关天上运动以及天体的距离和大小的任何事情。而且直到我们的时代，这些预测还证明是准确的；如果这个原理是错误的，那么这种情况就不可能发生；因为在每一个知识范围内，起初的一个小错误最终都会铸成大错。

在天上出现的每一个事情都与这个原理一致而与其他原理相抵触。正如有必要为以前列举的观察的真实性辩护一样，同样有必要承认当前理论的正确性，这与迫使我们承认所有自然界中天体运动的必要性相同。凭借少数诡辩论点，否定

---

① Paris, Bibliothèque nationale, fonds latin, ms. nos. 7333, 7334 (Bernard of Verdun, "Tractatus optimus super totam astrologiam").

在所有论据中最为确定的论据是荒唐的；这是一种类似于那些古人的愚蠢行为，他们因为几个诡辩而否认运动和各种变化以及存在的多元性——这些东西的虚假性和矛盾性对于我们的感官显而易见的。这些东西无法被证明，就像火是热的或者存在的一切事物包含着本质属性和偶有属性无法被证明一样。感觉使我们确信，这就是事物的本来样子。因此哲学家阐明，我们对这些东西的认识比任何论证都更有把握；他还说，为它们寻找论据是不对的，因为我们的所有论证都以感官认识为前提。①

38　　不论经验给一个理论带来多少确切的证明，支持理论的假设从来也不会达到常识真理的确定性。认为假设能够获得对常识真理的确认是严重错误的，然而凡尔登的贝尔纳就这么认为，他在这一点到了极为天真的地步。在我们这个时代，在历史见证了许多长期以来被公认的理论崩溃后，还要捍卫这样的立场，就显得更天真了。然而我们同代人中有多少自认为意志坚忍的人，像13世纪谦卑的方济各会修士那样给予科学理论无可置疑的信任呢。

相信实验控制可以把理论依赖的假设转换成直接感觉的真理，这是荒谬的。更为荒谬的是，不顾经验的反驳，固守一个形而上学体系，乃至坚持其结论。然而罗吉尔·培根已经走向了极端。

我们知道，罗吉尔·培根已经把对天体运动的解释列为他的

---

① Paris, Bibliothèque nationale, fonds latin, ms. nos. 7333, 7334 (Bernard of Verdun, "Tractatus optimus super totam astrologiam", dist. 3, cap. 4.

《小著作》的一部分（现在遗失了）。某些考虑（离题千里，不拟赘述）让我们认为这个解释是培根从他以前作品的各个部分集结起来的论文集中的一部分。他称之为《自然哲学总则》。

构成这部分[①]的三篇中的第一篇，与两个天文学体系即托勒密体系和阿尔·比特鲁吉体系联系起来。这一篇，夹杂着摘自凡尔登的贝尔纳的《天文学大全记事》的典型段落，显示出对后者工作的驳斥[②]：

> 那些打算摧毁本轮和偏心圆的人说，最好要拯救自然秩序并否认感觉的真实性，因为感觉经常被发现是错误的，特别是在涉及遥远距离的情况下。在他们看来，最好舍弃未解答的诡辩，因为比起故意假设与自然相违背的事物，它更难以回答。

在继续他的叙述时，培根返回到这个观点，并且现在他似乎把它作为自己的想法：

> 毫无疑问，数学物理学家，即那些遵循自然方法的人，

---

[①] Paris, Bibliothèque Mazarine, ms. No. 3576, fol. 130 ("Incipit liber primus communium naturalium Fratris Bogeri Bacon.... Incipit secundus liber communium naturalium, qui est de celestibus, aut de caelo et mundo.... Incipit quinta pars secundi libri naturalium....," chap. 17).

[②] 最近伴随本文的完成产生的更多研究，让我们相信罗吉尔·培根的著作先于并且促使了凡尔登的贝尔纳的《记事》的诞生。然而，上面关于两个方济各会修士观点的对立所说的话有效。

39　　像不了解物理学的纯数学家一样，试图拯救外观。但是他们同时试图拯救秩序和物理学原理，而纯粹数学家摧毁它们。因此看起来，我们最好在我们假定过程中仿效物理学家，即使这意味着我们在解答某些诡辩时不那么令人满意，这些诡辩更多地来自感觉而非理性。

写下这些文字的人，就是那个经常被描绘成逍遥学派演绎宇宙学的可怕对手、实验方法的先驱的人。

尽管他对建立在物理学原理的天文学（即阿尔·比特鲁吉的天文学）特别偏好，甚至当事实反对它时也拒绝妥协，但是培根不得不承认，"没有为了使物理学家①的假设服从事实的检验而建造的工具、准则和天文表"。他不得不承认，任何天文学理论的目的都是为了提供符合观测的计算结果。

这里有一些一定要了解并且值得注意的事情：虽然纯数学家和那些了解物理学的人，提议用不同方法来拯救天体所显示的样子，然而殊途同归，它们共同的目标就是了解恒星和行星关于黄道的位置；因此，尽管他们在遵循什么道路上持不同意见，但是总的来说，他们都承认必须以这个目标和界限为终点。

如果培根坚持他在之前《小著作》引用的段落中暂时采取的

---

① 此处 physicitsts 系印刷错误，应为 physicists。——译者

主张，如果他执意把阿尔·比特鲁吉的宇宙论放在经验检验之外，那肯定是非常奇怪的。事实上，他没有多久就放弃了那个愚蠢的主张。

最近我们已经揭露了迄今为止尚属未知，并且非常重要的《第三部著作》的部分内容，这是培根结论性的著作，他把它献给克莱芒教皇四世。在保留下来的手稿中①，这部分的题目有："阿尔·比特鲁吉讨论透视的第三本书：论科学与智慧的对比：根据托勒密所说，论天体的运动。论阿尔·比特鲁吉关于托勒密和其他人的观点。关于自然的实验科学：论科学家的举止。论炼金术。"②正如题目暗示的那样，《第三部著作》的残篇包含了对托勒密的天文学体系和阿尔·比特鲁吉的天文学体系的长篇讨论。培根把只是对这个讨论稍做改动的版本纳入他的《自然哲学总则》，③直接把它放在从《小著作》引出的讨论之前，这两个部分在时间顺序上的颠倒给他的陈述带来了公然的矛盾，但他并没有因此而感到不安。

后面的残篇使我们了解到培根决定支持阿尔·比特鲁吉的学说。不过，他最终认识到④此学说与某些事实不相容，即在《小著

40

---

① Paris, Bibliothèque nationale, fonds latin, ms. no. 10264, fols. 186 (recto) −220 (recto).

② "Liber tertius Alpetragii. In quo tractat de perspectiva: De comparatione scientie ad sapientiam: De motibus corporum celestium secundum Ptolomeum. De opinione Alpetragii contra opinionem. Ptolomei et aliorum. De scientia experimentorum naturalium. De scientium morali. De Alkimia."

③ Paris, Bibliothèque Mazarine, ms. No. 3576, fols. 120-130 (Roger Bacon "Communium naturalium" 2.5-2.6).

④ Paris, Bibliothèque nationale, fonds latin, ms. no. 10264; Paris, Bibliothèque Mazarine, ms. no. 3576, fol. 129.

作》中被他写成"诡辩"的事实，它们也就是凡尔登的贝尔纳放入到"基本外观"列表中的事实，可以被任何天文学理论所拯救。

罗吉尔·培根的摇摆不定，与凡尔登的贝尔纳轻率的确信一样，显示这两个方济各会修士对天文学理论真正本性的理解是多么微不足道。看来，像辛普利西乌斯这样一些人的智慧从未影响到他们。

他们的同事、后来被追谥为圣徒的波拿文都拉，似乎确实瞥见到了那个智慧；而且他使用它反对那些由于经验的确认而充满信心、声称要把托勒密的体系转化成公认真理的人：

> 对感官来说，似乎数学家的假定最为正确，因为基于这一假定的推论和判断没有导致关于天体运动的任何一个错误结果。尽管如此，就实在而言，数学家的立场没有必要更为真实（secundum rem tamen non oportet esse verius），因为错误往往是发现真理的一种手段；看起来正是自然哲学家使用了更加合理的方法和假定。①

我们发现，在通过排斥逍遥学派的物理学原理而拯救外观的托勒密体系和依赖这些原理却与事实不符的同心球体系之间，波拿文都拉不知道该选择哪一方时，他想起了希腊思想家的教导。他们说，观察与理论逻辑结论相一致，并不能证明理论所依据的假设的真实性；可以相信，外观有可能借助其他假设而得到拯救。

41

---

① Bonaventura, *In secundum librum Sententiarum disputata* 14.2.2, "Utrum Iuminaria moveantur in orbibus suis motibus propriis."

因此，波拿文都拉期待创造某种新体系，它可以既拯救物理学家的原理，又拯救天文学家的观察。

对未来某种更合适的体系的期待，也许在炽爱天使圣师①的著作中难以表达，但是在天使博士②的著作中，却得到了坚定的表述。

在托马斯·阿奎那《论天》(De caelo et mundo)的教程中，大概叙述了只承认绕着宇宙中心匀速旋转的天文学理论的哲学基础。这个理论拯救了逍遥学派形而上学的全部原理。它也符合天文学观察吗？阿奎那很清楚它不符合。③即使欧多克索斯、卡利普斯和亚里士多德，在他们的时代不得不使同心球体系毫无节制地复杂化，以便让它表示行星轨迹的各种偶然，这些复杂性在亚里士多德的哲学中找不到任何理由。这样，希帕恰斯和托勒密设想的偏心圆和本轮并不基于亚里士多德的哲学，就更加显而易见了。

作为各种天文学体系基础的假设值得信赖的程度如何？阿维罗伊早已经强调，几何学家们试图证明假设的推理并不等同于任何类似的证明。阿维罗伊的评论似乎激励阿奎那做出以下反思：

> 天文学家的假定并不必然是真的。虽然这些假设看起来拯救现象(salvare apparentias)，不应当断言它们是真的，因为可以想象，人们可以用一些迄今为止还没有想到的其他方式来解释星球的视运动。

---

① 波拿文都拉的尊称。——译者
② 托马斯·阿奎那的尊称。——译者
③ Thomas Aquinas, *Expositio super librum de Caelo et Mundo* 2.17.

　　这是阿奎那在解释亚里士多德的基本公理——一切简单的圆周运动均围绕世界中心运行——的过程中拥有的观点，事实上，他甚至在更早的时候表达过这一观点，尽管多少有些简要。①

　　　　围绕它自己中心运行的轮子不会以纯粹的圆周运动移动，它的移动由于上升和下降运动而复杂化了。

42　　　　但是根据这个建议，似乎天体并不是全部按照圆周运动运行。因为按照托勒密的观点，行星运动通过本轮和偏心圆来实现，并且这些运动并不是围绕着宇宙中心即地球中心进行，它们围绕某些其他中心进行。

　　　　关于这一点必须指出的是，亚里士多德并不承认事物就是这样的。与他那个时代的天文学家观点一致，他假定所有天上运动围绕地球的中心划出轨迹。后来，希帕恰斯和托勒密想出偏心圆和本轮运动，以拯救在天体方面对感官来说很明显的事物。既然这样，这不是得到证明的事物——它仅仅是一种假定（unde hoc non est demonstratum, sed suppositio quaedam）。但是，如果这样的假定是真的，那么天体将持续围绕宇宙中心做周日运动，这是最高天球的运动，即带动所有天体一起运动。

支撑天文学体系的假设，并不因为其结论与观察一致这个纯粹的事实而转换成已经证明的真理。托马斯·阿奎那跟着阿维罗

---

① Thomas Aquinas, *Expositio super librum de Caelo et Mundo* 1.3.

伊做出这个断言，尽管文体不那么严格。这条逻辑规诫看起来一定对他十分重要，因为他在另一处再次复述了它[1]：

> 我们可以用两种方法解释一件事情。第一种方法通过充分的证明证实事物所遵循的原理是正确的。因此在物理学中，我们提供足以证明天上运动同质的理由。第二种解释事情的方法，不在于通过充分的证据证明它的原理，而在于表明哪种结果符合预先制定的原理。因此在天文学中，我们借助下述事实解释偏心圆和本轮：我们用这个假设我们可以拯救天上运动可察觉的外观。然而，这并不是真正有说服力的理由，因为视运动或许可以借助一些其他假设而得到拯救。

在这些不同的文本中，阿奎那采用我们听说过的、以前由辛普利西乌斯表达的观点，他几乎完全借用了后者的语言风格。在这里我们发现希腊评注者对经院评注者明显的影响。而且阿奎那在《论天》（De caelo et mundo）的讲授显示，我们并不是在处理纯粹的巧合——在这方面他几次引用辛普利西乌斯对同一部著作的评论。[2]

遵循辛普利西乌斯、托马斯·阿奎那所制定的原理，使天文学家能够在他们对行星视运动的研究中毫无顾忌地使用托勒密的假设，尽管存在这样的事实，即他们的形而上学观点也许会迫使他们拒绝这些假设。因此，既是亚里士多德又是阿维罗伊的名副

43

---

[1] Thomas Aquinas, *Summa Theologica* 1.32.1-2.
[2] 尤其参见：bk. 1, lect. 6; bk. 2, lect. 4.

其实的仰慕者冉丹的让①，与他那个时代的所有天文学家一起，采用了为观察者和计算者提供准则和历书的最合适的天文学理论。他宣称，"站在托勒密和所有的近代天文学家一边"，有必要假定偏心圆和本轮的存在。②

> 关于天体，我们必须承认使我们能够拯救现象（salvare apparentias）的假设，如果不求助这些假设，我们就不能够拯救和说明这些现象，它们长久以来一直准确无误地得到观察和确认。

但是，"这些轨道精确地确定行星的位置和运动，对于计算的目的和构建天文表而言，它们完全正确"。这样的事实有助于表明它们拥有真实的和实质的存在吗？（in esse et secundum rem）对天文学家来说这并不重要。

> 对他来说了解下面的内容就够了：如果本轮和偏心圆的确存在，那么天体运动和其他现象就会像它们现在这样发生。条件的真实性才是最重要的，不管怎样，这样的轨道在天体之间确实存在。偏心圆和本轮的这种假定，对作为天文学家的天文学家来说足够了，因为这样他就无须为"为什么"

---

① 14世纪对阿维罗伊所译的亚里士多德著作的最早解释者。——中译者

② John of Jandun, *Acutissimae quaestiones in duodecim libros Metaphysicae ad Aristotelis et magni Commentatoris intentionem ab eodem exactissime disputatae* 12.20.

（unde）的理由而烦恼。只要他拥有正确确定行星的位置和运动的方法，不管这个方法如何，他都不用调查是否在天空中存在像他概括的这样的轨道：**那种**调查是物理学家的事情。因为即使它的前件是假的，结果却可能是真的。[①]

这些文字写于巴黎大学1330年左右的某个时候！　44

中世纪结束时，那所大学没有通过其教学向我们提供任何关于天文学假设的价值的新文献。天文学正在经历那些平静沉着时期中的一个时段，那时感到没有必要讨论构成理论基础的原理，那时一切都在致力于解决理论的应用。在14世纪，在巴黎，毫无争议地接受了托勒密的体系。

同一时期的意大利学派几乎没有产生影响。当时，那里的天文学研究不如巴黎先进。人们对占星术特别感兴趣，而它所采用的假设的性质和价值几乎没有人讨论。

然而，有一个例外，那就是帕多瓦的彼得（阿巴诺的彼德）。

在1303年以后的某个时候，帕多瓦的彼得完成了备受赞美的《分歧调解员》，这部著作极为流行，而且为他赢得了调节员彼得的绰号；他已经形成了写一本类似天文学著作的计划，他命名为

---

[①]　对此处作为证据的学术上的"因果理论"的适度详细的说明，即对假设（类似于天文学理论中出现的那种假设）中"如果……那么"联系的逻辑意义的学术分析，参考 E. A. Moody, *Truth and Consequence in Medieval Logic* (Amsterdam: North-Holland Publishing Company, 1953)。或许正是在迪昂论文的影响下，"近代"力学即伽利略的"新科学"，才追溯到14世纪巴黎大学的经院哲学家，"近代"逻辑学家才开始在巴黎和牛津使用的逻辑学课本中寻找它们自己的"形式逻辑"的鼻祖。——英译者

《天文亮星》(*Lucidator astronomiae*)。这个计划是否被实施过,我们不得而知。国家图书馆有序言和第一章的手稿①,帕多瓦的彼得称它们为"第一个区别"。这个残篇写于1310年。不幸的是,一个名叫彼得·科林西斯的抄写者,是个笨拙的抄写员,就像他是个不懂拉丁文的人。

帕多瓦的彼得是位编纂者。我们不应当指望他把他的逻辑立场表达得十分坚定和清晰。然而,当他讨论与本轮和偏心圆有关的假设时,他显然以一种哲学学说即托勒密的学说为指导。②

他回忆道:

> 按照亚里士多德和托勒密的观点,自然和技艺总是力争用最少的手段达到目的,通过很多手段实现本来可以用较少手段实现的目标是一个错误,正如在《物理学》的第一卷中显示的那样。根据托勒密的说法,偏心圆和本轮的假设符合这个原则,因为通过仅仅使用18个运动就完全复制了天体机器的每一次活动。③

45　　在详细说明天文学家提出的各种体系之后,他又说道:

> 因此我们已经简要表明,前面的观点没有一个可以完全

---

① Paris, Bibliothèque nationale, fonds latin, ms. no. 2598, fols. 99 (recto)-125 (verso).

② Peter of Padua, *Lucidator Astronomiae,* diff. 4 a, "An sit ponere eccentricos et epicyclos?" fol. 112, col. c-fol. 116, col. c.

③ 同上书,fol.112, col.c。

拯救天文学家所看到的东西，但是有些系统涉及的结果比从其他系统所得出的结果更荒谬。[①]

我们应当对托勒密的体系和他的原理产生偏爱：他假定偏心圆和本轮，因为它们充分说明现象，并且通过数目最少的运动充分说明现象。

接着，帕多瓦的彼得援引辛普利西乌斯的权威性典籍，在这之后他继续做了如下表述：

按照这个假定，我确认它［托勒密的体系］使用数目最少的工具来体现天上运动：我认为当我们能够更直接并且更快速地构建它时，我们就不应当从许多要素中复合这个运动。技艺显示了这种考虑的正当理由。此外借助工具可以理解的这个假定，更善于拯救外观。而且最终它通过计算，比其他假定更加成功地发现天球和行星公转的周期。[②]

对帕多瓦的彼得的著作的一些段落的引用，概括了中世纪基督教天文学家的科学哲学。这个哲学用两个原理进一步概括出来：

天文学假设应当尽可能简单。

天文学假设应当尽可能精确地拯救现象。

---

① Peter of Padua, *Lucidator Astronomiae,* diff. 4 a, "An sit ponere eccentricos et epicyclos?" fol.115, col.a.

② 同上书，col.b。

# 4. 哥白尼之前的文艺复兴

　　14世纪，巴黎大学开始"分群"。在许多英格兰同乡会博学的学者（他们绝大多数来自讲德语的国家）中，一些人偶尔离开塞纳河畔，去德国的土地创建新的大学。这片土地就像他们母校的殖民地；讲德语的大学倾向于继续接触来自巴黎的思想潮流。

　　因此，正是在1380年左右的某个时候，黑森的亨利希·亨布赫——一位非常博学的文学硕士和神学学士——离开麦秆街上的书院和索邦神学院的读经台，成为维也纳大学的"殖民者"（他经常被称为 Plantator gymnasii Viennensis）。作为天文学家兼神学家，他沿着他的导师给他以深刻印象的路线制定新大学的方向。维也纳书院绝对接受托勒密体系的原则，完全致力于解决天文学理论的细节：新的计算步骤发明了，旧的计算步骤完善了，天文表和天文历制定了，工具建造了，观察方法设计了。它的最杰出的教师，像乔治·普尔巴赫或雷乔蒙塔努斯（柯尼斯堡的约翰·米勒）这样的人，就是这类研究者，即在一门科学的所有技术细节方面表现出色，却从没有梦想过对支持其科学的假设的本性和价值进行审查。

　　当维也纳的天文学家把托勒密体系的假定彻底归为已确定的

真理，帕多瓦学院的阿维罗伊主义者，"评注者"信条的异想天开的赞美者，正在对这些学说疯狂地进行攻击。

像他们的导师一样，意大利的阿维罗伊主义者拒绝天文学使用不符合事物本性，即不符合"哲学家"和"评注者"的物理学这样的假设的权力。跟阿维罗伊一样，他们声称在这一点托勒密的体系是不能接受的。像阿尔·比特鲁吉一样，他们之中自认为是天文学家的人，试图用一种完全建立在同心球基础上的理论代替《至大论》中的理论。

在帕多瓦学习的库萨的尼古拉斯，在这个方面做了初步的尝试。但是他认识到要保守这个秘密。亚历山德罗·阿基利尼这位著名的与蓬皮纳齐相匹敌的人物，认为没有理由仿效库萨的告诫。在1494年，他在波伦亚印刷了《天球四书》(*Quatuor libri de orbibus*)。这部著作新的校正版于1498年出版。并且，它在1508、1545、1561和1568年出版于威尼斯的阿基利尼著作集中重印。

这四册论天球的著作煞费苦心并且以学究式的琐细，详尽阐发了阿维罗伊关于天体的质料、运动形式以及运动原理的学说。

就在这部著作①的第一册中，波伦亚和帕多瓦的著名的阿维罗伊学派的教授着手摧毁托勒密体系，并提出了取代该体系的理论的草图。

甚至在开端，阿基利尼就提出以下论点：

　　托勒密假定的运动以偏心圆和本轮这两个假设为基础，

---

① Alessandro Achillini, *Liber primus de orbibus*, dubium tertium, "An eccentrici sunt ponendi."

它们与物理学不一致。这两个假设都是错的。[1]

他反对该假设，极力主张阿维罗伊过去的所有论点。他提出一种天文学学说的基础，在他看来这个学说符合正统物理学原则；事实证明，这个天文学与阿尔·比特鲁吉的天文学几乎没有区别。他逐字逐句重复阿维罗伊的话，得出这样的结论：

> 真正的天文学是不存在的。［所谓的天文学］不过是适合计算天文历条目的东西。[2]

48　　但是，阿基利尼写道，它将受到以下反对：

> 必须要求，承认长久以来而且准确无误地经受观察检验的、没有它们就不能够拯救现象的假设。偏心圆和本轮符合这个描述。[3]

对此阿基利尼回应说：

> 必须否定这个三段论的小前提，因为我们打算用其他原因解释现象。而且，天文学家用任何一种证明都无法确定偏

---

① Achillini, *Opera omnia* (Venice: apud Hieronymum Scotum, 1545), fol. 29, col. b.

② 同上书，fol. 31, col. b。

③ 同上书，fol. 35, col. b。

心圆和本轮的存在。……显然，他们还没有证明它们的存在是先验的，但是他们也没有证明它们的存在是后验的；我们看来很明显的结果也许源自其他原因。……当托勒密使用虚构物体作为解释现象的原因时，他犯了物理学上的错误。

阿戈斯蒂诺·尼福同样试图写一部把托勒密的假设驱逐出去的天文学。[1]他把那些接受这些假设的人的几何学建构贬低为"无稽之谈"。他反对他们并且反对他们的学说，像阿基利尼一样也提出阿维罗伊的各种论点：

> 你必须明白，一个好的证明显示原因必然导致结果，反之亦然。现在，承认了偏心圆和本轮，观察到的现象也就随之而来，因此，它们可以通过这种方式得到拯救，这是千真万确的。然而逆命题不成立。从外观出发，并不必然得出偏心圆和本轮的存在；直到发现一个更好的原因，一个必然导致现象并且也由现象所导致的原因，偏心和本轮才得以确立，否则它们的存在只是暂时的。因此，那些从命题——其真可能是各种原因的结果——出发，明确决定支持这些原因中的一个的人是错误的。外观可以通过我们一直谈论的那类假设得到拯救，但是或许它们也被其他还没有发现的假设拯救。

---

[1] *Aristotelis Stagiritae De Caelo et Mundo libri quatuor e Graeco in Latinum ab Augustino Nipho philosopho Suessano conversi, et ab eodem etiam praeclara, neque non longe omnibus aliis in bac scientia resolutiore aucti expositione....* (Venice: apud Hieronymum Scotum, 1549), bk, 2, fol. 82, cols. c, d.

> ……存在三种证明：**用符号证明**——根据我们已知的结果，我们推断那个结果的原因；**只用原因证明**——从由它的结果而发现的原因中，我们推知该结果；**同时用原因和本质的证明**，也称作严格意义上的证明或借助本性的证明——它从我们已知的原因出发；这样的证明是几何学的证明。

49

现在，偏心圆和本轮存在的证据不属于这三种证明中的任何一种：

> 根据视运动，可以很容易地提出偏心圆和本轮。但是以相反的方向推断是不可能的，因为那会从未知推向已知，外观是我们已知的东西，偏心圆和本轮是未知的东西。

引用的段落不是纯粹重复阿维罗伊的学说。它们同时带有、也因此可以认出托马斯阿奎那的思想特征，他的一些陈述逐字再现在尼福的阐述中。

尼弗的评论成功地证明，理论与观察的一致不能使它所依靠的假设转变成已经证明的真理。**要证明这一点**还需要人们确立没有别套假设能够拯救现象。然而文艺复兴时期帕多瓦的阿维罗伊主义者，没有得出詹顿的约翰在14世纪就从巴黎传递给他们的明显结论。他们不承认天文学使用纯粹虚构但却是方便的假设的权力。他们不希望天文学把自己的追求限制在构建这样的理论，即有可能是天文表和历书中的条目之基础的理论。不愧是评注者和他的同门阿尔·比特鲁吉的继承人，他们坚持把天文学建构在用物理学证明的原理的基础上，并严厉谴责那些可能声称以不同方式进行的人。

例如，当弗拉卡斯托罗把他的著作《同中心论》献给教皇保罗三世时（1535），请聆听他是怎么说的：

你们很清楚，那些以天文学为职业的人，总是发现很难解释行星所呈现的外观。因为有两种解释它们的方法：一种借助被称作同心球的方法进行，另一种借助所谓的偏心球的方法进行。这些方法中的每一种都有风险，每一种都有其绊脚石。那些运用同心球的人永远无法对现象做出解释。使用偏心球的人，确实可以更充分地解释现象，但是他们关于这些神圣物体的概念是错误的，几乎可以说是不敬的，因为他们给它们赋予了不适合天体的位置和形状。我们知道，在古代人中欧多克索斯和卡利普斯曾多次被这些困难误导。希帕契斯是最早选择宁可承认偏心球，也不愿被发现现象不规整的人之一。托勒密紧随其后，很快几乎所有天文学家被托勒密说服了。然而，针对这些天文学家，或者至少针对偏心圆假设，全部哲学已经提出了持续的异议。我在说什么？哲学吗？自然和天球它们自身就不断地抗议。直到现在，还不曾发现一位哲学家，他们会同意这些怪异的球体存在于神圣和完美的物体中。①

---

① Hieronymus Fracastor, *Homocentricorum, sive de stellis, liber unus* (Venice, 1535).

弗拉卡斯托罗不满足于仅仅回避这些荒谬的假设；建立服务于计算目的的理论也不是他的目的；他声称已经找到了天体运动的根本原因：

在我们的《同中心论》中，不仅会发现任何天文学理论所带来的效用；还将在其中发现其他非常值得期待的东西。首先，这些事情看起来对真理起促进作用，这是我们应该最向往的目标；其次，它们有助于发现天上运动最恰当的原因；最后，它们甚至有助于对这些运动真正本质的［发现］。①

在弗拉卡斯托罗的《同中心论》出版后一年，詹巴蒂斯塔·阿米科出版了关于同一主题的《小作品》。在这本小书的第一章，他向我们讲述：

在古人中有一些人，他们试图将天文学与自然哲学统一起来；相反还有另一些人试图分离这两种科学。欧多克索斯、卡利普斯和亚里士多德试图将天体呈现的所有可变运动和非匀速运动，归纳为类似本性认可的同心球。另一方面，托勒密和那些追随他的方法的人，他们不考虑本性，想要将这些同样的运动归纳为偏心圆和本轮。②

---

① Hieronymus Fracastor, *Homocentricorum, sive de stellis, liber unus* (Venice, 1535), chap.1.

② Gianbattista Amico, *De motibus corporum coelestium juxta principia peripatetica sine eccentricis et epicyclis* (Venice, 1536), chap.1.

天文学家观察天体时，将我们察觉到的现象归因于偏心圆和那些被叫作本轮的小球。但是很糟糕的是，他们把所有这些结果都归结为这样的原因。这样他们在进行这种归纳时陷入错误也就不足为奇了。正如亚里士多德在《后分析篇》中第一篇所说，当提出解决方案的人使用错误的原理，任何解答都是困难的。另外，如果本性既不辨别本轮也不能辨别偏心圆——这是阿维罗伊相当正确地采取的主张……那么我们有必要拒绝这些球体。而且当看到天文学家把某种他们称作"倾角""反射""偏离"的运动——至少在我看来根本不属于以太的运动——归于本轮和偏心圆时，我们更愿意这么做。①

51

在每个时代，我们都会发现一些人相信他们能够洞察物体的本性，并认为他们能够发现关于这种本性的真理，从而使物理学变得"可推导"，就像从它的第一原理中推导一样。几乎总是不可能让这些物理学家－哲学家把他们的推论进行到底，把他们的理论发展到其结果可以接受经验检验的地步。

阿维罗伊主义者大声宣称他们拥有那些物理学真理，任何可接受的天文学都是从这些真理中产生的。

像阿尔·比特鲁吉一样，他们概略地叙述了要建构在这些基础之上的理论计划。但是，也像阿尔·比特鲁吉一样，他们实际上从来没有精心地建立起这个计划的大厦。他们并没有把自己的

---

① Gianbattista Amico, *De motibus corporum coelestium juzta principia peripatetica sine eccentricis et epicyclis* (Venice, 1536), chap.7.

体系具体化到可以简化为天文表，并把表中所包含的信息与观察者的陈述进行比较。因此，阿利桑德罗·阿基利尼写道：

> 根据我们的假定，我们不打算解释所有天体运动变化的恰当原因是什么。这是我们必须留给天文学家的任务。我相信，在我们所说的话的引导下，他们将知道如何调查和解决一切问题，以便为我们的理论提供这一补充。①

同一个主题，弗拉卡斯托罗是这样说的：

> 在说明行星运动的原因时，我们忽略了极其复杂精细的计算，对此没有人觉得奇怪。因为我们相信这些计算并不真正与我们的工作相关。我们承认，应当指望天文表做这样缜密的估算，然而现在使用的天文表很容易与我们的同中心论相一致。②

詹巴蒂斯塔·阿米科宣称：

> 在这项工作中，人们也许会发现什么也没有完成，但是我相信，如果我能够唤起更多杰出的心智使这个解释更加清晰，我已经做得足够了。③

---

① Achillini, *De orbibus liber primus* (end).
② Fracastor, *Homocentricorum, sive de stellis, liber unus* (end of last chapter).
③ Amico to Cardinal Nicolaus Rodulphus, "De motibus corporum coelestium."

当天文学已经成功拯救了现象时，阿维罗伊主义者拒绝承认 52
它达到了它的目的。尽管如此，他们从来不敢否认，它必须与现
象相一致。然而他们从来没能检验他们自己的理论是否符合这个
条件。

如果说阿维罗主义者是幻觉的受害者，认为可以从形而上学
的学说中推导出天文学理论，那么托勒密体系的支持者有时会让
自己被另一种幻觉所诱惑。他们认为，对外观的准确判断，可以
赋予用来说明被观察的事实的假定以确定性。通过相反的途径，
阿维罗主义者和托勒密主义者最终都陷入了同样的错误：即把独
立的实在赋予天文理论所依赖的假设。

帕多瓦大学的天文学教授曼弗雷多尼亚[①]的弗拉切斯科·卡
普安诺（或者是玛丽亚·西庞托的弗拉切斯科·卡普安诺）受到
了第二个幻觉的诱导。此人脱离尘世在拉特兰修道会担任圣职时，
把名字改为乔万尼·巴蒂斯塔。

1495年，他对乔治·普尔巴赫的《行星理论的评注》在威尼
斯印刷。[②]这本评注后来发行了许多版本。

卡普安诺用这本书的几页篇幅专门反驳了阿维罗伊主义者对
本轮和偏心圆的异议。所回答的异议不仅仅是阿维罗伊的异议，
也是由"属于我们自己的时代和国家的阿维罗伊的机灵的模仿
者"向卡普安诺本人提出的异议（quidam subtilis hujus aetatis, et

---

① 意大利普利亚区城镇和主教区。——译者

② *Theorice nove planetarum Georgii Purbachii astronomi celebratissimi, acin eas eximii atrium et medicine doctoris Domini Francisci Capuani de Manfredonia in studio Patavino astronomiam publice legentis sublimis expositio et luculentissimum scriptum* (Venice: per Simonem Bevilaquam Papiensem. August 10, 1495).

noster conterraneus Averrois imitator）——卡普安诺用这些词语当
然在指他的同事阿基利尼。

对于普尔巴赫的评论家来说，确立托勒密假设的可行性是不
够的；他希望它们是真实的；并且提议证明它们；实际上，不是
先验的，但至少是后验的。

他在导言中宣布，他将"先验地证明所有可以先验地和数学
地证明的东西，至于那些无法证明的原则，如球体及其运动"，他
已经决定"让它们后验地并且借助外观得到认识"。稍后他充分阐
述了这个思想：

> 像在《至大论》中一样，这里通向科学的道路是这样两
> 种证明——符号证明和严格意义上的证明。现在天文学原理
> 被后验地并且从感觉中推断出来：注意并观察到行星的运动
> 和它呈现的其他偶然后，就像在随后发生的事情中所看到的
> 一样，人们断然得出结论，这颗行星或者拥有一个偏心圆或
> 者拥有一个本轮。这个证明的原理是感觉和可觉察的结果，
> 即观察到的运动，这可以从《至大论》曾经采取的方式中看
> 出来：那本书在它假定偏心圆和本轮之前，在不同时期并且
> 由不同的天文学家所做的无数观察的基础上，描绘了行星的
> 运动。但除此之外，人们还遇到了某些严格的或者数学的论
> 证，因为一旦球体和它们的运动被假设出来，观察的对象就
> 可以通过论证来推断。

这段在卡普安诺的《评注》里，尼弗在他对《论天》的解释

中对此做出答复，这是显而易见的。他的回击正中目标：尽管卡普安诺有效证明了托勒密假设对拯救行星的视运动是**充分**的，但他并没有证明它们是**必要**的。事实上，他怎么能做到这一点呢？那需要他**确信**人类永远也找不到能够拯救同一种现象的其他假设。

尼福的评论清楚地显示了，当卡普安诺声称证明托勒密假设为真时，他是多么莽撞。

毫无疑问，受到托马斯·阿奎那学说教导的多明我会普列里奥的西尔维斯特，考虑得更加周密些。作为帕维亚的天文学教授，他也对普尔巴赫的《行星理论》进行了评注。①这个评注使我们能够一睹他关于天文学理论的逻辑地位的观点。当他描绘普尔巴赫和雷乔蒙塔努斯认定是太阳轨道的形状时，他说道：

> 他们没有证明事情就是这样，也许他们所断言的并不是必然的。……那么，太阳有三个轨道，也就是说，人们相信太阳有三个轨道；但这并没有被证明；［三个太阳轨道］完全是为了拯救天上出现的东西而虚构出来的。

一边是阿维罗伊主义哲学家，另一边是托勒密天文学家，他们顽固地坚持将不可接受的实在归于天文学假设；而人本主义者和文人，其中大多数人都皈依柏拉图主义，他们很乐意赞同普罗克勒斯关于天文学假设的性质的观点。他们的一知半解和怀疑主义也与这种思维方式相吻合。

---

① Sylvester of Prierio of the Order of Preachers, *In novas Georgii Purbachii theoricas planetarum commentaria* (Milan, 1514; Paris, 1515).

塞雷托的乔凡尼·乔维安诺·蓬塔诺出生于1426年，卒于1503年。他的名为《关于天上事物的十四卷书》（*De rebus coelestibus libri XIV*）首次于1512年在那不勒斯印刷，并且在蓬塔诺《歌剧》的第3卷里按照1519年的版本重新发行，在奥尔迪斯的赞助下在威尼斯出版。这部著作一定十分普及，因为它经常与蓬塔诺的其他著作一起印刷。我们引用1540年的巴塞尔版本。①

蓬塔诺的这部专题论文分成14卷，每一卷前面都有它自己的序言，每一卷都献给了不同的人。就是在第3卷的序言中，作者非常清晰和精确地详尽阐述了他关于天文学假设的概念。②

在回顾了某些古代天文学家将行星的停留和逆行归因于太阳射线的引力，并对任何此类假设采取反对立场之后，蓬塔诺接着做了如下叙述：③

在我看来，我们应当相信和思索的恰恰是以下内容：这些天体自动完成它们的运动和旋转，借助的是自己的力量而且没有外力的帮助，没有任何太阳热的引力。它们的运动全部是它们自己本性的达成。

然而，那些虚构了轨道（ἐπικύκλονς）（他们用希腊语这

---

① Giovanni Gioviano Pontano, *Librorum omnium, quos soluta oratione composuit, Tomus tertius. In quo Centum Ptolemaei sententiae, a Pontano e Graeco in Latinum translatae , atque expositae*; Pontano *De rebus caelestibus*, bk. 14; Pontano *De luna liber* (incomplete, Basel, 1540; complete, Basel: per haeredes Andreae Cratandri, August, 1540).

② Pontano, *Ad joannem pardum de rebus caelestibus liber tertius*, "Prooemium" (pp. 262-276 in the 1540 ed.).

③ 同上书，pp. 267-269.

样称呼）的人应该得到最高赞誉。正是要寻找使感觉与理解的进步配合的方式，他们才将这些小轨道 [the ἐπικύκλοι] 展示在我们眼前。行星体与它们缚在一起，在旋转时被带着向前或向后、向上或向下，所有的行星都按照这种方式，因此每个运动的真实比例被保留了下来。对研究而言，难道有什么比这些装置更有用、更适合教学的吗？通过它们，感官将其功效提供给智力，同时将智力的沉思所寻求的实体展现在视觉面前。相应地，这种表示法的使用已经扩展到可以追踪行星运行轨迹的钟表匠的艺术产品中，也扩展到各类小型机械和天体图，它们影响如此之大，以至于这些装置应该被称为神的而不是人的。

55

　　但是，如果我们继续假设星体本身与这样的轨道相连，星体被它们像战车一样运送，那将是完全荒谬的。

　　首先，谁会让这些轨道开始运转？我们能说它们是靠它们自己的本性运行吗？如果那样，为什么星体不能同样自动运行呢？在事物足可以自身活动的情况下，还需要什么外部干预呢？其次，星体是可见的，因为它们是由其轨道球体的物质凝固（concretio）形成的。但是如果因为凝固迫使它们，所运送的事物才是可见的，那么运载的轨道也应当是凝固的结果，并且这些坚硬的轨道同样应当是可见的。

　　它们没有被看见，因为事实上它们不存在。当意在理解和讲授时，唯独思想看到它们。但是在天上没有这样的线和交点。它们是被特别聪明的人为了讲授和证明的目的虚构出来的，因为如果没有这样的程序，就不可能将天文学科学即天体运动的知识传达给其他人。

因此，应当认为，轨道、本轮以及这样的所有假定是想象的；它们在天上没有真实的存在。发明和想象它们是为了把握天体运动，并且让它们呈现给我们的视觉。

观察鸟的飞行的占卜官借助某些线划分整个大气空间。土地丈量者借助某些东西走向的线把国土分成不同的部分（他们称之为地区）。……然而不论是在地上还是在空中均没有这些线，更何况在天穹上。……

让我们为这些就讲授和证明而言，被赋予一种神性的假定辩护。让我们坚持事情就是这样发生的，直到我们的眼睛作为我们的向导，借助天体图了解我们想要知道的关于星球运动的内容；让我们坚持事情就是这样发生的，直到我们在它们的数值和尺寸方面把握了它们。……但是，一旦我们的心智完全正确地沉浸在这些数字和量值中，一旦对它们的认识渗透到我们的理解中，我们就会认为天文学家在天空中绘制的轨道的真实性，远远低于古罗马的占卜师在空中划出的线条。

另外：

这些天球是想象的，因为从整体来看浩瀚的天空是连续的。不过，只要它是一个教学问题，说明并且描述星球运动，就让我们把它们当作一项几乎神圣的发明保留。多亏这个发明，理解力拥有了一个实体的表述，在开始研究时，它可以

56

作为一个阶石。但此后，理解力逐渐取得进展，并最终摒弃了所有这些假想球体的组合，而仅仅停留在数字和它们的比率上，这才是它的正确目标。[①]

蓬塔诺的思想很清楚：天文学的真正目标是用数字表示的对天上运动的精确确定。偏心圆和本轮，还有其他天文学假设，都只是为讲授而设计的装置、暂定的描述——一旦制定出天文表和天文历，它就不存在了。我们的文艺复兴时期的天文学家，毫无疑问在普罗克洛斯的鼓舞下，只承认天文学的两个合理作用：提供几何学规定的作用，它们对制定使预测成为可能的天文表是必需的；提供机械模型的作用，它们在服务于理解力方面谋取感觉的支持。

蓬塔诺在1500年左右时详细阐释的天文学概念，在四百年后将被视为新颖的。

过于确信天文学假设的对象的实在性，或者夸大怀疑这些假设的有效性，在这两个极端之间，意大利哲学家有点失之偏颇。我们在巴黎将找到设法秉持更加平衡观点的思想者。

1503年，勒菲弗尔·戴塔普尔出版了《天文学导论：天体理论二书》(*Introductorium astronomicum, theorias corporum coelestium duobus libris complectens*)；这部著作又以《法布里的主要天文学理论》(*Fabri stapulensis astronomicum theoricum*)为题重新印刷，于1510、1515和1517年在巴黎，1516年在科隆再次印刷。下面引用

---

[①]　Pontano, *Ad joannem pardum de rebus caelestibus liber tertius*, "Prooemium" (pp. 262–276 in the 1540 ed.), p. 273.

的几行献词显示了这部专著的写作精神：

> 天文学的这一部分几乎完全是一个描述和想象的问题。万物精明的和智慧的造物主，凭着他非凡才智，创造了真正的天体和它们的真正运动。同样，我们的智力，试图模仿它赖以存在的造物主的智力，每天都在抹去更多的无知。我们的智力，听着，在它自身内部构成一些虚构的天体和虚构的运动，它们是真实天体和真实运动的图像。在这些图像中，仿佛它们是创造者的神圣智慧留下的痕迹，人类的智慧抓住了真理。因此，当天文学家的心智组成对天体和对它们的运动的正确描述时，他就像创造天体及其运动的万物的造物主。

57

另外，对勒菲弗尔·戴塔普尔来说，他阐述天体运动所借助的假设，并不是经过证明的命题。既不指望它们表示什么天体，也不指望它们表示运动的真实法则是什么。它们是天文学家天才的产物。借助这些虚构，他试图给想象提供一个恒星和行星轨迹的图像。这些假设不是真理，而仅仅是真理的痕迹、真理的残留、真理的映像。上帝可以看见真实的天体和它们的轨迹。天文学家借助想象的天空，实现他的几何学解释，并且完成他的计算。

勒菲弗尔·戴塔普尔的这些观点，似乎让人隐约想起普罗克洛斯的思想。也许还会辨认出库萨的影响：勒菲弗尔·戴塔普尔极为钦佩库萨的尼古拉斯，并且是他的追随者；在《天文学导论》出版后不久，他开始编辑库萨的著作。事实上，我们这位博学的科学家赋予天文学理论的特点，与这位著名的红衣主教对人类一般知识的描述十分吻合。

库萨的尼古拉斯在其主要著作《论有学识的无知》<sup>①</sup>的开头制定的以下原则，是对此书标题的解释和辩护。

让有限的理解力去适合任何确切的真理是不可能的。因为真不是可多可少的东西；它本质上是不可分割的东西，而这种东西不可能被一个存在所掌握，除非这个存在本身就是真理。同样，圆的本质是不可分割的东西，而非圆的东西不能使这个东西和自己相似。一个圆内接规则多边形与圆不相似。随着边数的增加，它越来越像一个圆，但无论怎么增加边数，多边形都不会变得和圆一样。没有任何图形能与这个圆相同，除非它**就是**这个圆。

就真理而言，事情就是这样，就我们的理解而言，它不是真理本身。我们的理解力从未以如此精确的方式掌握过真理，以至于不可能更精确地掌握它，而且它将这样无限期地延续下去。

因此，真与我们的理性存在某种对立。真理是一种既不允许减少、也不允许增加的必然性，而理性则是一种永远容易受到新发展影响的可能性。那么对于真，我们唯一知道的就是我们不能理解它。 58

从这里，我们该得出什么结论呢？

> 事物的本质，即众生的真正本质，永远无法达到其纯粹性，我们无法企及事物的本质。所有哲学家都在寻找它，但没有人找到它。我们在这种无知中学习得越深刻，就越接近

----

① Nicholas of Cusa, *De docta ignorantia* 1.1,3.

真理本身。

那么，学者应该争取什么样的完美？在无知的情况下尽可能地成为有学问的人，这是他应有的境界。"他越是知道自己是无知的，就越有学问。"

普罗克洛斯区分了两种物理学：一种旨在了解地上事物的本质和原因，是人可以接触到的物理学；另一种以天体事物的性质为目标，是为神的理智保留的物理学。

库萨的尼古拉斯认为，恒星与四大元素具有相同的性质。因此，对他来说，普罗克洛斯所做的区分失去了所有意义。然而，他继续对两种物理学进行区分，尽管他以一种全新的方式将它们相互对比。

一种物理学是关于本质和原因的知识。它符合经院哲学对所有知识的定义的要求——**因果关系**。它必然是完美的和不可改变的，它不是人所能获得的，而是上帝的科学。

另一种物理学属于完全不同的种类：它们是异质的，就像多边形和圆。它当然知道真正的原因和本质。如果它使用这些词，它只能把它们应用于假设的原因和虚构的本质，这是理性而非实在的产物。如此构成的物理学永远处在自我完善的道路上。本质和原因的物理学作为它的极限发挥作用，为它的发展提供方向。然而，它永远被阻止达到它的极限。虚构和抽象的物理学是人类唯一可以利用的物理学。

希腊思想家波西多尼、托勒密、普罗克洛斯、辛普利西乌斯所建立的物理学和天文学之间的对立，被库萨的尼古拉斯以是真实本质和真正原因的绝对物理学与抽象本质和虚构原因的相对和发展的物理学之间的对立取而代之。

1511年[①]，西班牙人路易斯·科罗内尔在蒙泰古学院撰写物理学著作时，是否受到了库萨的尼古拉斯的影响？完全有可能。在当时，这位德国红衣主教的作品是众所周知的。它们已经印刷了两次，1541年勒费弗尔·德·埃塔普勒准备在巴黎出版第三版！不管怎样，蒙泰古学院院长在他的《物理学研究》中捍卫的某些观点，与《论有学识的无知》中的原则非常吻合。

对路易斯·科罗内尔来说，物理学不是一门演绎的科学，它的命题来自先验的原则。它是一门起源于经验的科学，宇宙学原理不过是为了挽救经验使我们了解的现象而设想的假设。

例如，当他提议确定每一种实体中不仅有形式，而且有质料[②]时，科罗内尔采用以下实验事实作为他的出发点：如果不破坏可燃物，我们就无法起火。物质的概念在这里被证明是必不可少的，因为如果火是纯粹的形式，就无法解释这一现象。总结他刚刚使用的方法，他大胆提出了以下公理："在物理学中，应该把从经验中得出的论据放在首位。"（rationes ex experientia sumptae in physica obtinent primatum）

他就是这样为它们的首要地位辩护的：

---

① Luiz Coronel, *Physice percrustationes*. Prostant in edibus Joannis Barbier librarii jurati Parrhisiensis Academie sub signo ensis in via ad divum Jacobum (1511).

② 同上书，fol.2, col.a。

正如阿尔贝特斯·马格努斯所坚持的，在物理学学科中从经验中得出的论据填补了原理的作用（rationes ex experientia sumptae in physica disciplina obtinent principatum）。天文学家从天体运动的多样性和天体与行星之间的距离中得出的论点，导致了作为结论的本轮、偏心圆以及均轮的提议。同样，按照自然理性的要求，物质也必须被假设出来。因为如果不是这样，生火需要有可燃物的供应这一事实就不能被拯救（non potest salvari），就像天体外观不能被拯救一样，除非人们假定了本轮等。本轮、偏心圆和均轮的假设冒犯了评注者阿维罗伊，但他没有提供其他方法来拯救这些被假设所拯救的东西。此外，对于物质和他自己承认的拯救自然发生的事物的其他原因，也可以这么说（et sic diceretur etiam ei de assignatione materiae et aliarum causarum naturalium quas ipse ponit ad savandum ea que naturaliter contingunt）。

为了解释路易斯·科罗内尔的观点，我们不必诉诸库萨的尼古拉斯的影响，援引巴黎大学的传统就足够了；科罗内尔只是制定了从十四世纪中期开始在该大学不断遵守的程序的规则，这可以从让·布里丹、萨克森的阿尔伯特和奥雷姆的尼古拉斯的作品中看出，它们提供了许多例子。

举一个这样的例子，让我们来看看让·布里丹坚定地捍卫的一个满意的理论：抛射体的运动并不像亚里士多德所说的那样，是由周围空气的运动所维持的；相反，它是由于抛射人猛掷物体，而在抛射体的物质中产生的某种质量或**冲力**所造成的。在表明了

以前由各种各样的哲学家提出的所有其他假设，都以各种方式被
经验所驳斥后，布里丹谈到了自己的理论：

> 在我看来，这是一个应该被采纳的假设，因为其他假
> 设似乎并不正确，而且因为所有现象都与这一假设相一致
> (*bujusmodi etiam modo omnia apparentia consonant*)。①

　　他知道的**所有**经验事实都用来对他的假设施加影响。让·布里
丹在这里遵循的方法，不正是路易斯·科罗内尔宣扬的方法吗？

　　在梳理了科罗内尔、詹敦的约翰以及勒费弗尔·德·埃塔普
勒的观点后，我们认为以下结论是有道理的：在1300年至1500年
间，巴黎大学教授一种物理学方法的学说，这种学说在真理和深
刻性方面超过了直到19世纪中叶为止关于这个论题的所有说法。

　　特别值得一提的是，巴黎学派所颁布和遵守的一个强有力的、
富有成效的原则是：认识到地上的物理学与天上物理学并非异类，
两者是通过一种或相同方法进行的，前者的假设和后者的假设都
是为了一个唯一的目的——拯救现象。

---

① Paris, Bibliothèque nationale, fonds latin, ms. no. 14723, fol. 106, col. d (John Buridan "Quaestiones totius libri phisicorum" 8.12).

# 5. 哥白尼和雷蒂库斯

中世纪和文艺复兴早期的几位思想家，对物理学假设的本性这种清晰概念逐渐变得模糊不清；在随后的几个世纪里，它遭受到了最大的挫折，那正是在天文学和物理学取得新的快速进步的时候。最伟大的艺术家不一定最擅长对他们的艺术进行哲学思考。

1543 年 5 月 24 日，哥白尼去世。同年，他的不朽名作《天球运行论》印刷出来。[①] 在他写给教皇保罗三世的献词中，哥白尼解释了他思想的总体态度和方向：

> 教皇陛下最希望从我这里了解的是，将某种运动归于地球的大胆幻想是如何进入我的头脑的，它不顾数学家的既定意见，而且几乎违反了常识。我想让教皇陛下了解导致我为天体运动设想一个新理由的唯一动机。那就是我看到数学家之间对这些运动的研究有分歧。首先，他们对太阳和月亮的运动一直处于不确定的状态，以至今天他们对回归年既不能

---

① Copernicus, *De revolutionibus orbium coelestium*, bk. 6 (Nuremberg: apudjoh. Petreijum, 1543).

观察也不能证明其固定长度。其次，当他们想构建这两颗星球和五颗行星的运动时，他们并没有从相同的原理出发，也没有从相同的假设出发；他们没有以相同的方式解释视旋转和视运动，因为有些人只使用同心圆，而另一些人则使用偏心圆和本轮；即便如此，他们也没有完全满足天文学的要求。那些相信同心圆的人确实证明了某些不规则的运动可以由这种步骤构成；但以他们的假设，他们还不能确定任何与现象完全对应的精确性。那些想象偏心圆的人似乎通过这种方式分析了大多数视运动，使它们在数字上与星表一致；但他们所接受的假设在大多数情况下似乎违反了运动平等的主要原则。此外，他们还无法从他们的假设中发现或推断出最重要之点，比如世界的形状及其各部分精确的对称性。……在证明的过程中——被称作方法（μέθοδυου）——他们显然要么遗漏了一些必要条件，要么塞入了一些与主题无关的外来假设。如果他们一直遵循确定的原则，这种情况肯定不会发生在他们身上。如果他们采用的假设没有错误，那么从这些假设中得出的一切无疑都会得到验证。

刚才引用的文字让我们想起哥白尼来意大利学习时搅动意大利大学的大辩论：关于历法改革和二分点变化过程的理论讨论，以及在阿维罗主义者和托勒密体系的拥护者之间的激烈争吵。正是这两个学派之间的摩擦，点燃了哥白尼天才的火种。

哥白尼以意大利物理学家——他曾听过这些物理学家的课程，有的曾是他的同学——的方式思考天文学问题，问题是**通过符合**

**物理学原理的假设来拯救外观。**当它以这种方式提出时，阿维罗伊主义者和托勒密主义者都没有充分解决这个问题：前者采用的假设在物理学上是站得住脚的，但不能拯救外观；后者则能很好地挽拯救外观，但他们的假设违背了自然科学的原则。如果双方都不能提供预期的解决方案，这肯定意味着他们的假设是错误的。一个完全令人满意的天文学只能在**真实的**、符合事物本性的假设的基础上构建。

哥白尼着手寻找这些真正的假设。

> 在对数学传统中有关天体运动理论的这种不确定性进行了长时间的琢磨之后，我对那些对这个世界的最小事物进行了如此细致研究的哲学家，竟然没有为宇宙机器的运动找到任何更确定的理由失望至极。[1]

这种失望驱使哥白尼这个人文学者搜索了希腊和印度作家的作品。他从西塞罗和《哲学家的见解》一书的作者那里了解到，有几位古代思想家曾将地球置于运动之中。

> 在这个建议的影响下，我开始独自考虑地球的运动。这似乎是一个荒谬的想法。然而我知道，我的前辈已经被赋予自由，去想象各种虚构的圆周来拯救天体现象。因此，我想，

---

[1] Copernicus, *De revolutionibus orbium coelestium*, bk. 6 (Nuremberg: apudjoh. Petreijum, 1543), "Ad Sanctissimum Dominum Paulum Ⅲ Pontificem Maximum, Nicolai Copernici praefatio in Iibros Revolutionum."。

我也将同样被授予实验的权利，尝试一下，通过给地球指定某种运动，我是否能够找到比我的前辈留下的关于天体运行的更坚实的证明。

　　现在，事实上，我经过长期和反复的观察终于发现，如果让地球具有我在本书后面所赋予的那些运动，依据每颗星体的运动反过来归因于地球的计算，不仅可以得出所有其他游星的外观，而且它们的顺序、大小甚至天空本身全都彼此紧密地联系在一起，以至于在天空的任何部分重新安排任何东西都不可能不在其他部分和整个宇宙引起混乱。

　　起初，哥白尼把移动的地球的假设作为一个纯粹的虚构的假设进行测试，他发现根据这个假设，现象被拯救了。就他的目的而言，确定了这一点就足够了吗？所引用的最后一段话中的最后一句表明，他想做得更多，他急于证明他的假设的真实性，而且他认为他已经成功地做到了这一点。要证明一个天文学假设符合事物的本性，需要的不仅仅是显示它足以拯救这些现象，人们还必须证明，如果假设被否定或修改，那么这些现象就不能被拯救。尼弗曾正确地坚持这一补充的不可或缺性。似乎哥白尼成了类似于让托勒密天文学家曼弗雷多尼亚的·卡普安诺误入歧途的那种错觉的受害者，那就是，哥白尼也把一种价值归于他的系统，这种价值只有通过对系统的必要性进行补充证明才能赋予系统。

　　哥白尼的著作只是暗示了这个更大的主张。但约乔基姆·雷　64

蒂库斯1540年的专著在这一点上非常明确①。在这里雷蒂库斯对他的导师长期以来一直拖延发表的学说进行了简要预览。在《首要报告》中，我们发现这个草拟的想法起初多少有些犹豫不决；渐渐地，它的描写变得更加坚定；最后，它被相当明确地写了下来。

> 你［雷蒂库斯正在对肖纳讲话］很清楚假设或理论在天文学中的地位，以及数学家与物理学家的区别有多大。因此我觉得你会同意，我们必须到观察和对天空本身的充分证明引导我们去的地方。②

从这些观察中，从雷蒂库斯所说的"天空本身的证明"中，我们可以期待得到什么指示？我们是否应该按照亚里士多德的方法，要求它们为我们提供关于现象的有效原因的知识？或者我们应该按照托勒密的方法，只要求他们提出适合拯救这些相同现象的虚构的假设？雷蒂库斯只提到了这两种选择中的第一种：

---

① *Ad clarissimum virum D. Joan. Schonerum de libris revolutionum eruditissimi viri et mathemaci excellentissimi Reverendi D.Doctoris Nicolai Copernici Torunnaei, Canonici Varmensis, per Quendam Juvenem Mathematicae Studiosum, Narratio prima* (Gedenum, 1540). 我们将在第一版为纪念哥白尼诞辰四百周年而编纂的著作后引用雷蒂库斯的《首要报告》: *Nicolai Copernici Thorunensis De revolutionibus orbium caelestium libri VI.Ex auctoris authographo recudi curavit Societas Copernicana Thorunensis. Accedit Ioachimi Rhetici De libris revolutionum narration prima.* (Thorn: sumptibus Societatis Copernicanae 1873).

② Rheticus, *Narratio prima, transition ad enumerationem novarum hypothesium totius Astronomiae* (pp.463–464 in the 1873 ed.).

亚里士多德通过他自己和卡里普斯的例子证实，天文学的适当目标是分配适当的原因（τῶν φαινομένων），并以这样的方式做到这一点，即天体的各种运动是由这些原因引起的。

他认为他导师的学说不仅符合托勒密的要求，也符合亚里士多德的要求：

> 在天文学中，就像在物理学中一样，人们通常从结果和观察推进到原理。我确信，亚里士多德一旦理解了新假设的理由，就会坦率地承认，在他关于重与轻、圆周运动、地球静止与地球运动的讨论中，哪些东西被证明，哪些作为原理被规定而未被证明。

我们看到，雷蒂库斯认为他的导师在设计新假设时，不仅仅是在做几何学的工作，也在做物理学的工作。在他看来，哥白尼建立了一种新的物理学，它注定要取代传统的逍遥学派物理学，如果亚里士多德在世，他也会赞同这种物理学。

哥白尼通过物理学家的方法，也就是通过从效果推进到原因的方法得出了他的假设。这样一来，他能达到什么程度的确定性？雷蒂库斯告诉我们：

> 亚里士多德说："那是最真实的，它是由它所产生的真理的原因"（verissimum est id quod posterioribus, ut vera

sint, causa est）。因此，我的导师认为，他应该制定这样的假设，这些假设本身含有能够证实早期观察为真的原因，有理由希望在未来，它们成为所有天文学预测为真的原因（τῶν φαινομένων）[1]。

哥白尼的忠实弟子没有明确得出的结论是不容忽视的：哥白尼的假设是"最真实的"，用亚里士多德的拉丁译文就是 verissimae。

事实上，雷蒂库斯非常相信假设对现象的充分性，以至于他认为它们可以互换，就像定义和被定义的事物（definiens and definiendum）：

> 我希望这两种说法（叙述）越是为你所接受，你所感知的就越清晰，即鉴于学者们所做的观察，我博学的导师所做的假设与现象如此吻合，以至于它们可以相互交换，就像一个好的定义与被定义的事物之间可以互换一样。[2]

雷蒂库斯是哥白尼的忠实弟子，他既不是阿维罗伊主义者，

---

[1]　Rheticus, *Narratio prima, transition ad enumerationem novarum hypothesium totius Astronomiae*, "Universi distributio" (p. 464).

[2]　"Et vero gratiorem tibi uttramque Narrationem fore spero, quo clarius artificum propositis observationibus ita D. Praeceptoris mei hypotheses τοις φαινομένοις consentire videbis, t etiam inter se tanquam bona definitio cum definiti converti possint," Rheticus, *Narratio prima*, "Quamodo planetae ab ecliptica discedere appareant," (p.489 in the 1873 ed.).

也不是托勒密主义者，然而他怀有与托勒密主义者卡普安诺或阿维罗伊主义者尼弗一样的天文学理论的理想。他也认为，一个好的天文系统不仅能拯救天体现象，使人准确地计算出星球运动，而且也是在事物的真实本性中发现的、建立在假设上的系统。

# 6. 从奥西安德尔的序言到
# 格列高利历法改革

在哥白尼阐述其天文学理论的著作最后出版时，书中包含的假设支持一种似乎与启发哥白尼和雷蒂库斯的观点完全相反的理论。这本书的开篇是一篇没有署名的序言，标题是"与读者谈这部著作中的假设"（Ad lectorem, de hypothesibus hujus operis.），内容如下：

> 这部著作宣称地球在运动，而太阳静居于宇宙中心。这个新奇假设已经不胫而走。因此我毫不怀疑，某些学者深为恼怒，并认为破坏长期以来牢固确立的人的科学是错误的。然而，如果他们愿意严格衡量此事，就会发现这本书的作者并没有做任何值得指责的事情。
>
> 因为天文学家的工作包括以下内容。通过艰苦而巧妙的观测，收集天体运动的历史，然后——因为他无法通过任何推理来达到这些运动的真正原因——想出或构建任何他喜欢的假设，以便在这些假设的基础上，通过几何学

原理来计算这些运动，无论是过去的还是将来的。……这些假设并不是非真不可。它们甚至不需要是可能的。有一点就足够了，那就是它们所导致的计算与观察的结果一致（nequeenim necesse est, eas hypotheses esse veras, imo ne verisimiles quidem, sed sufficiet hoc unum, si calculum observationibus congruentem exhibeant）。……情况已经完全清楚，这门科学根本不知道视运动的不规则性的原因。它想出了一些虚构的原因，一般说来，它认为这些原因是确定无疑的；然而，它并不着眼于说服任何人，让他们相信这就是事物的真实面目才如此设想这些假设，而仅仅是为了建立正确的计算。有时可以用其他假设来解释一个相同的运动；太阳运动理论中的偏心圆和本轮就是一个典型的例子。在这种情况下，天文学家会优先选择更容易掌握的假设，而哲学家则倾向于找出相似性。然而，无论是谁，都不能设想或阐述最起码的确定性，除非受神灵的启示。……那么，就不要指望从天文学中得到关于这些假设的任何确定的学说。天文学不可能给他提供这种东西。让他注意不要把那些为了完全不同的目的而编造的假设当作真的，以免他不仅没办法接近天文学，反而被拒之门外，并且在结束这项研究时他比以前更加愚蠢。

尼古拉斯·穆勒在1617年出版了哥白尼著作的第三版，他把刚才引用的建议比作我们在《至大论》①中看到的那些建议，他可以同样公正地把它们比作许多其他的建议，因为在《运行论》未署名的序言中如此明确的观点，是经由盖米努斯、托勒密和普罗克洛斯，从波希多尼延伸到辛普利西乌斯的希腊传统的回声，它是迈蒙尼德批判的回声；也是产生于托马斯·阿奎那和波拿文都拉的教导，并由冉丹的让和勒费弗尔·德·埃塔普勒传承的巴黎传统的回声。总而言之，这篇匿名序言是天文学史上那个传统的回声，这个传统毫不松懈地抗议思想家们的实在论，如阿弗罗迪萨的阿德拉斯图斯和士麦那的西昂、阿拉伯物理学家、意大利的阿维罗伊主义者和托勒密主义者、哥白尼和雷蒂库斯本人。

　　谁写了这篇序言？开普勒告诉了我们。

　　1597年，尼古拉斯·雷莫·贝尔（雷莫鲁斯·厄休斯）出版了一部作品，在里面他打算为那些类似于序言中的观点辩护②。开普勒想要回应雷莫。因此，在雷莫的论文发表三年后，也就是1601年左右，他写了一篇激烈的嘲讽文。③这本小册子没有出版，

---

① Copernicus, *Astronomia instaurata, libris sex comprehensa, qui de Revolutionibus orbium coelestium inscribuntur*. Nunc demum post 75 ab obitu authoris annum integritati suae restituta. Notisque illustrate, opera et studio D. Nicolai Mulerii Medicinae ac Matheseos Professoris ordinarii in nova Academia quae est Groningae. (Amsterdam: excudebat Wilhelmus Ianosonius, sub Solari aureo, 1617)

② Nicolas Ryemer Baer, *Tractatus astronomicus de hypothesibus astronomicis seu systemate mundane; item, astronomicarum hypothesium a se inventarum, oblatarum et editarum, contra quosdam, eas temerario ausu arrogantes, vidicatio et defensio, cum novis quibusdam subtilissimisque compendiis et artificiis in nova doctrina sinuum et triangulorum* (Prague, 1597).

③ Johannes Kepler, *Apologia Tychonis contra Nicolaum Rymarum Ursum*.

直到弗里希在开普勒的文件①中发现了它的一个不完整的副本。我们将很快回到雷莫和开普勒之间的这场辩论。目前，我们只想讨论一点。

雷莫不知道这篇序言的作者是谁。开普勒说道②：

> 我要去拯救厄休斯。这篇序言的作者是安德里斯·奥西安德尔，我手头副本上的注解证明了这一点——注解是杰罗姆·施莱伯的笔迹，肖纳的几篇序言都是写给他的。

开普勒继续解释说，《运行论》作者死后添加上去的序言既没有表达哥白尼自己的思想，甚至也没有表达作序者奥西安德尔③的真实想法。哥白尼本人坦率地透露了对构成他著作基础的假设的态度。但奥西安德尔担心哥白尼假设的明显荒谬性会惊动哲学家那帮人（unlgus philosophantium），认为最明智的是把他所预期到的丑闻降到最低：于是就有了把这篇著名的序言放在《运行论》前面的想法。为了支持这些说法，开普勒引用了奥西安德尔的两封信。1541年4月20日，奥西安德尔写信给哥白尼：

> 至于假设，这是我对这个问题的一贯看法：它们不是关乎信仰的信条，它们只是计算的基础；即使它们是假的，那

---

① Kepler, *Opera omnia*, ed. Frisch (Frankfurt and Erlangen, 1858), vol. 1, p. 215.

② 同上书，p. 245。

③ 安德烈亚斯·霍斯曼（Andreas Hossmann）按照当时的时尚，将自己的名字"希腊化"成奥西安德尔。

也不重要，只要它们准确地再现了运动的外观（φαινόμενα）。（de hypothesibus ego sic sensi semper, non esse articulos fidei, sed fundamenta calculi, ita ut etiamsi falsae sint, modo motuum φαινόμενα exacte exhibeant, *nibil referat*）

考虑一下，如果我们遵循托勒密的假设，既然太阳的不规则运动可以以任何一种方式发生，那么谁能向我们保证它更愿意借助本轮还是偏心圆呢？我劝你在序言中谈一谈这个问题；这样你就可以安抚你所担心的反对派如逍遥学派弟子和神学家了。

同一天，他写信给雷蒂库斯：

如果让逍遥学派弟子和神学家明白下述问题，那么就很容易安抚他们。如不同的假设可能对应于同一个视运动；它们不是作为确定地表达真实的东西而提出的，而是作为最方便地指导视运动和合成运动的计算而提出的；不同的作者可能会提出不同的假设；一个人可能会提出一个相当合适的表述，另一个人可能也提出一个合适的表述，然而两者同时产生完全相同的视运动，因此每个人都应该自由地寻求比迄今为止接受的假设更方便的假设；我们甚至应该感谢在这个方向上做出努力的人……

尽管这些引用很有价值，但开普勒只证明了他所宣称的部分内容。我们很清楚地看到，奥西安德尔把他著名的序言放在《天球运行论》一书的前面，是与哥白尼和雷蒂库斯的实在论意图背道而驰的；阅读他们的作品使我们更加确信这一点。但是，说奥西安德尔通过一个旨在蒙蔽逍遥学派弟子和神学家的托词，来掩饰他自己的思想，这一点几乎察觉不到。与此相反，似乎很明显的是——这从奥西安德尔写给哥白尼的信中可以看出——他长期以来一直相信这个学说的真理，并且两年后在著名的《给读者的序言》中发表了它。他很正确地指出，这一学说使以宇宙论或启示的名义对这个或那个假设系统提出的每一个反对意见毫无价值。然而，没有东西证明，他为了获得这种战术上的优势而隐藏自己的信念。

在对一般的天文学假设，尤其是哥白尼假设采取这种态度的，绝不是奥西安德尔一个人。

1541年，杰玛·弗里修斯这位知名的荷兰天文学家，从鲁汶给丹提斯写了一封信，他在信中谈到哥白尼时说：

> 我不会卷入任何他用做证明的假设的争论；我不调查它们是什么，也不调查它们包含哪一部分真理。只要我们对星球的运动和它们的运动周期有一个绝对准确的认识，只要这两者都被简化为完全准确的计算，那么声称地球在运动还是宣布它是不动的，对我来说都不重要。[①]

事实上，奥西安德尔只是把托勒密体系的信徒在《至大论》

---

① 转引自 Leopold Prowe, *Nicolaus Copernicus* (Berlin, 1883), vol. I, pt. 2, p. 184。

中对假设反复说过的话用到了哥白尼假设上：这些假设为他们所重视，因为它们有利于天文表和历书的编制，这也是普尔巴赫和
70　雷吉奥蒙塔努斯的弟子苦心孤诣致力的构建；但他们中的大多数人都像奥西安德尔那样轻视假设的真实性。

　　我们在伊拉斯谟·莱因霍尔德的著作中找到了对这种心态最有说服力的例证。

　　伊拉斯谟·莱因霍尔德的第一部作品，是1542年问世于维滕堡的对乔治·普尔巴赫的《行星理论》①的评论，同时附有梅兰希顿的一些二行诗和序言。序言的落款日期是1535年，看起来是原本打算为普尔巴赫《理论》的早期版本，即雅各布·梅里希斯为此设计过插图的版本准备的。

　　正如梅兰希顿在其序言中指出的那样，普尔巴赫的《行星理论》是对《至大论》天文体系的介绍。它以综合和演绎的形式介绍了这个系统：一举阐明了托勒密的假设，然后以几何方式从这些假设中推导出对各种现象的解释。通过声称普尔巴赫依照"因果"（τò ὅτι）进行，梅兰希顿描绘了这个方法的特征。托勒密所遵循的方法与此相反，他是以分析和推理的方式进行的：他讨论了各种现象，并由此提出了可能使人们表达这些现象的假设。莱因霍尔德用果因（διότι）这个词来描述这种阐述的顺序，并将其

---

　　① Theoricae novae planetarum Georgii Purbachii Germani ab Erasmo Reinholdo Salveldensi pluribus figuris auctae, et illustratae scholiis, quibus studiosi praeparentur, ac invitentur ad lectionem ipsius Ptolomaei. Inserta item methodica tractatio de illumination Lunae (1542). In fine: Impressus hic theoricarum libellus Vitembergae per ioannem Lufft (1542). 这个版本在1556、1556、1558年重印时没有变化。"Parisiis, apud Carolum Perier, in vice Bellovaco, sub Bellerophonte."

与因果（τὸ ὅτι）的顺序进行对比，于是在谈到月球理论时，他写道：

> 你们看，在天文学果因（διότι）这部分，托勒密运用观察来追寻外观（φαινόμενα）的原因时，使用了多么微妙、多么娴熟的技巧。

莱因霍尔德在这里说托勒密调查了现象的原因是什么意思？他是在谈论形而上学意义上的有效原因吗？绝对不是！天体**现象**的**原因**在莱因霍尔德和他同时代的人的著作中，是一个经常会遇到的表达方式，其含义不外乎是：产生视运动的一些简单运动的组合。托勒密是按照"果因"（διότι）这个说法进行的，因为他从现象回到了原因，也就是说，他研究视运动，以发现它们可能从简单运动的什么组合中产生。相比之下，普尔巴赫按照因果（ὅτι）来进行，因为他把简单运动的组合视为理所当然的，并且从中推导出视运动的特性。

当我们看一下莱因霍尔德本人为他的评论所写的序言时，很显然这种解释是正确的。

> 天体运动和外观（希腊人称之为 φαινόμενα）的多样性令人目不暇接。因此，天文学家们一丝不苟，度过了许多不眠之夜，并为调查这些迥异外观的原因而付出太多令人乏味的劳动。……为了使人们了解已知行星运动所显示出的多种多样的外观的原因，一般说来，博学的天文学家们要么假定或

确定均轮的偏心率，要么假定或确定球体的多重性。这样得到的球体的数量必须归因于天文学家的技艺，或者准确地说，归因于我们理解力的弱点。也许这七颗闪亮、美丽的星球本身就有某种力量，一种由上帝赋予的力量，据此每颗星球都能遵循自己的规律，而不需要任何此类球体的帮助，每颗星球在其运动的多样性和明显的不规则性中保持着永久的和谐。但对我们来说，如果我们不请求这些球体的帮助，要想在无序中合理地掌握这种秩序是极其困难的；我们将无法把它牢记在心并在思考中追究它。

在这里莱因霍尔德的观点与普罗克洛斯的观点一致：除了几颗星球所表现出的复杂的、未经分析的运动之外，并没有真正的运动。托勒密的天文学将这些运动分解为沿着偏心圆和本轮的旋转，只是为了方便我们研究前者而设计的装置。

但是，如果作为纯粹的建造物，这些组合的运动没有实在性，如果它们只是推理和计算的工具，则它们基本上是可变的和可完善的：对于托勒密提出的"原因"，可以用其他能更准确或更方便地拯救现象的"原因"来替代。无法通过物理论证来说服莱因霍尔德拒绝哥白尼使天文学假设发生的变革。

他不仅没有拒绝这种变革——其主要内容已经为他所知，这无疑是通过雷蒂库斯的《首要报告》获得的——他还带着急不可耐的好奇心等待着它。

72　　因此在他的序言中，在激起了读者对托勒密在构建月球理论中所表现出的聪明才智的崇拜之后，莱因霍尔德又说：

我知道有一位现代科学家，他特别内行（quendam recentiorem praestantissimum artificem）。他唤起每个人的强烈期待。人们希望他能恢复天文学。他正准备发表他的作品。在对月相的解释中，他放弃了托勒密采用的形式。他为月球指定了一个周转圆的本轮。

后来，当他要处理岁差问题时，莱因霍尔德写道：

长期以来，这些科学一直在等待一个新的托勒密，他能够扶植这些研究，让它们重新走上正确的道路。我希望这位让所有后人对其天才表示敬意的天文学家，最终会从普鲁士来到我们身边……①

在这些话发表一年后，《天球运行论》出现了，莱因霍尔德如此热切地期待着它的到来。一旦他熟悉了哥白尼为天体"现象"提供"原因"的新方法，莱因霍尔德就对它们产生了巨大的兴趣，就像他早先对托勒密的学说产生兴趣一样。他写了一篇关于哥白尼体系的评论；据我们所知，它从未出版。此外，他还承诺为哥白尼的工作提供不可或缺的补充，即在哥白尼提出的理论基础上绘制新的天文表。1551年，他出版了《普鲁士星历表》②，这极大地促

---

① *Theoricae novae planetarum Georgii Purbachii Germani ab Erasmo Reinholdo Salveldensi pluribus figuris auctae, et illustratae scholiis, quibus studiosi praeparentur, ac invitentur ad lectionem ipsius Ptolomaei. Inserta item methodica tractatio de illumination Lunae* (1542), "De motu octavae sphaerae"（接近序言的末尾）。

② Reinhold, *Prutenicae tabulae coelestium motuum* (Wittenberg, 1551).

进了哥白尼理论在天文学家中的推广应用。

从对《普鲁士星历表》热情洋溢的介绍可以看出，当《运行论》最终出版时，莱因霍尔德的期望丝毫没有落空。从下述陈述中，可以看出他对托伦的天文学家的发明的钦佩之情：

> 所有后人都会感激地颂扬哥白尼的名字。天体运动的科学几乎是在废墟中；这位作者的研究和著作使它得以恢复。上帝以他的仁慈在他身上点燃了万丈光芒，使他发现并解释了许多直到我们今天还不为人所知或被蒙在黑暗中的事物。①

不难相信，这篇悼词的作者从最初一个深信不疑的托勒密主义者，后来成为一个热情的哥白尼主义者。如果人们认为这种转变意味着，维滕堡的天文学家欣赏新体系提出的几何建构的简易，意味着他相信这些结构比**数学符号关系**的组合更适合于计算，那么就应该给他哥白尼忠实的弟子这个称号。但我们认为，如果由此得出结论说，莱因霍尔德真的相信地球运动而太阳固定不动，那就太愚蠢了。《普鲁士星历表》似乎只是把这些假设当作构建天文表的几何设计，这些设计在性质上与托勒密的相似，比如：

> 应该知道，行星的周日运动是两部分的总和：第一部分是本轮的真实运动，哥白尼有时称之为地球的运动，有时称之为视运动（quem Copernicus alias Terrae, alias visum

---

① Reinhold, *Logistice scrupulorum astronomicorum* (Wittenberg, 1551). "Praecepta calculi m124otuum coelestium" 21.

motum...nominat）；另一部分是行星的真实运动，它自身就是由这个运动推动的。例如根据惯常的托勒密假设，沿着本轮的周长的运动。

在莱因霍尔德的整本书中，只有**一个**词可能被认为是作者将某种实在赋予了天文学假设。作为《普鲁士星历表》的导读，《逻辑严谨的天文学》（*Logistice scrupulorum astronomicorum*）以一篇序言开篇，在这篇序言中我们读到：

> 除非有两门科学的帮助，否则天文学不可能建立和完成，这两门科学可以说是它的工具，即几何学和算术。……几何学在天文学的构成中发挥了双重作用：首先，它提供了与运行的反常现象相一致的假设；其次，为了使这门被简化为数字的科学始终能够方便地用于日常生活，它为我们提供了那种被称为三角学的精湛而全面的计算方法。……于是，几何学负责天文学的两个部分：理论的（Θεωρητική）部分和创造的（Ποιητική）部分，前者负责将运动的研究从属于确定的假设（certis hypothesibus），而后者负责以惊人的技巧和智慧将星球运动简化为数字表，或者通过这些数字表，把星球运动简化为精准的器械（certa instrumenta）。①

我们应该如何解释"确定的假设"（certae hypotheses）这几

---

① Reinhold, *Logistice scrupulorum astronomicorum* (Wittenberg, 1551). "Praecepta calculi m124otuum coelestium" 36.

个字呢？我们应该把它们解释为与"完全真实的假设"同义吗？
"确定的假设"是"符合事物本性"的假设吗？莱因霍尔德的整本
书似乎都在呼吁反对这种解释。而且，由于仅在几行之后，我们
不得不将certa instrumenta译为"精准的器械"，那么同样地，只
是将certae hypotheses当作"精确的假设"，难道不是貌似有道理
的吗？总之，一切都促使我们把莱因霍尔德看作是一个科学家，
一个在天文学假设方面遵循奥西安德尔观点的科学家。

　　当然，奥西安德尔、弗里修斯和莱因霍尔德并不是他们那个
时代唯一这样想的天文学家。尤其是莱因霍尔德，他和梅兰希顿
一起在维滕堡大学任教。在这两位导师的影响下，形成了一个门
徒圈子，他们与自己的教授对天文学假设的性质有相同的看法。

　　阿里尔·比卡德就是这样一位莱因霍尔德的弟子和崇拜者。
在他的《关于约翰尼斯·德·赛科诺伯斯克论天球的著作中的问
题》[①]中，他简要地谈到了偏心圆和本轮的理论，并就此提出了一
个问题："这些行星球体是真的吗？"[②]他的回答简明扼要："这样
的轨道在天上并不真正存在；我们只是想象它们，从而帮助那些
正在学习天文学的人（propter discentes）通过这种方式拯救天体
的运动。"

---

　　① *Quaestiones novae in labellum de Sphaera Joannis de Sacro Bosco, in
gratiam studiosae iuventutis collectae ab Areile Bicardo, et nunc denuo recognitae,
figuris mathematicis ac tabulis illustratae, quae in reliquis editinibus antehac
desiderabantur* (Paris:apud Gulielmim Gavellat, in pingui gallina, ex adverso collegii
Cameracensis, 1552). 序言肯定是与第一版同时发行的，日期是 1549 年。
　　② 同上书，"Quaestiones in quartum librum Sphaerae"（书的第一部分），1，
"De numero orbium Solis," fol. 70 (vero)。

卡斯帕·佩克尔和阿里尔·比卡德一样，都是梅兰希顿和莱因霍尔德领导的维滕堡学校的学生。在他1551年出版并在1553年重印[1]的《天体轨道的学说和要素》的开头有一首诗，在诗中我们发现梅兰希顿被佩克尔冠以"父亲"头衔。作品一开始就列出从宇宙创生一直延伸到公元1550年的天文学家的年表。名单上提到的最后一个名字是伊拉斯谟·莱因霍尔德，佩克尔这样描述他："我敬爱的导师并且永怀感恩之心"（"Praeceptor mibi carissimus et perpetua gratitudine celebrandus"）。

毫不奇怪，佩克尔谈论天文学假设的方式与莱因霍尔德大致相同。

佩克尔的《要素》几乎完全致力于"主运动"或周日运动的研究。该书的计划几乎与约翰尼斯·德·赛科诺伯斯克的《论天球》毫无二致。对"次运动"也就是游星的研究被移入《行星理论》。在《要素》的最后两页，佩克尔才用寥寥数语触及了它：

> 第八个球体和七颗游星的次移动和次运动，显示出巨大的差异和多方面的不同，正如对这些现象的观察和外观所显示的那样。
>
> 观察使我们确信，这些星球的每一个运动中都会遇到这种多样性和差异性，但它同样也告诉我们，它们的运动是按照一个固定的、不变的规律反复进行的。因此非常肯定的是，

---

① Kaspar Peucer, *Elementa doctrinae de circulis coelestibus, et primo motu, recognita et correcta*, (Wittenberg: excudebat Jiohannes Crato, 1558). 第一版是1551年的，我们无法查阅到。

每个球体的运动都有一定的周期，在这个周期结束后运行就完成了。为了不在天体运动中留下任何不规则的东西，一些天文学家通过某些假设来拯救这些外观，另一些则通过其他假设（savant baec alii aliis hypothesibus constitutus）来拯救它们；他们承认偏心圆和本轮，有时认可偏心圆的多一些，有时认可本轮的多一些。从这些假设出发，他们构造了证明，以此显示所讨论的差异的原因。《理论》这本著作解释并发展了这些假设。

当然在这里讲话的人，他不把天文学假设看作表达实在，而仅仅认为它们是旨在拯救现象的构建。

此外，尽管佩克尔在我们刚才引用的段落中只提到以托勒密体系为模式的假设，但如果哥白尼的假设能更精确地拯救外观，他可能也会同样愿意接受。仅仅是这种态度就已经说明他对哥白尼的钦佩，这从我们提到的年代顺序表中，他对哥白尼生活的细枝末节给予的突出地位可以看出。佩克尔小心翼翼地告诉我们：

托伦的尼古拉斯·哥白尼（Nicholas Copernicus of Thorn），瓦米亚教士，生于1473年2月19日4点48分。

他把博洛尼亚相当平庸的多梅尼科·玛丽亚·诺瓦拉的名字写进了他的名单，并说："哥白尼是他的学生和助手。"此外，佩克尔还借用了哥白尼的观点，例如，对一天的长度的定义，以及对月亮大小的估计。从这一切可以看出，在天文学假设的问题上，佩克尔与他的导师伊拉斯谟·莱因霍尔德是完全一致的。

然而，有些文本似乎与这一结论相悖。

卡斯帕·佩克尔不仅写了《天体轨道的学说和要素》，还写了一本《论地球的大小》①的小书，佩克尔在这部著作中②对指导地球测量的假设叙述如下：

在回答我们提议要讨论的问题之前，我们必须建立一些假设。我们必须让大家知道，这些假设不是错误的，它们不是为了我们使用它们的目的而随心所欲设计的——它们与事实相符。它们最初是在经验的指导和指引下发现的。后来，它们得到了保证，并通过论证得到了证明。最重要的是，必须建立和具体确定这些假设的真实性和确定性，因为如果它们是可疑的、含糊的或不确定的，那么在这些基础上构造的一切真理就会摇摇欲坠、土崩瓦解，或者处于危险中。……

于是从一开始，我们就必须把后面的两个假设视为真实、固定和确定的，它们遵循：

首先，地球与环绕和弥漫于其中的水形成一个单一的星球。

其次，与地球的尺寸相比，最高山脉的高度是微不足道的。　77

---

① Peucer *De dimensione Terrae et geometrice numerandis Locorum particularium intervallis ex doctrina triangulorum sphaericorum et canone subtensarum liber, denuo editus, sed aucitus multo et correctius quam antea. Descriptio locorum Terrae Sanctae Exactissima, autore quodam Brocardo Monocho. Aliquot insignium locorum Terrae Sanctae explication et historiae per Philippum Melanthonem.* (Wittenberg, 1553)

② 同上书，"De hypothesibus, quas ut exploratas et demonstratas sequenti doctrinae praemittimus," pp.17–23。

这种语言难道不是证明了关于假设的最顽固的实在论吗？这里难道没有对奥西安德尔在《论运行的六部著作》的序言中插入的声明做出明确的反驳吗？尽管佩克尔在介绍他的书的献词中，用赞美的语言提到了伊拉斯谟·莱因霍尔德，但在这里他似乎明显偏离了他导师的想法，即被阿里尔·比卡德曾经采用的、佩克尔本人在他的《天体轨道的学说和要素》中似乎也接受了的想法。献词书信是写给雷蒂库斯的儿子的；也许是为了取悦于他，在这里佩克尔的实在主义似乎超过了《摘要》的作者。

可是一旦考虑到16世纪中叶几乎被普遍接受的观点，佩克尔两部作品中相继出现的陈述之间的明显矛盾就会消失。

首先，有一个观点肯定要给予伊拉斯谟·莱因霍尔德的弟子：他的地理学所依据的两个假设，绝不是为了拯救现象而梦想出来的虚构。它们是与具体现实完全一致的命题：它们被当作**真实**的东西公布出来。因此，佩克尔对地理学的基本假设要求不高。

但是在处理天文学假设时，他怎么能在没有不一致的风险的情况下降低对真理的要求呢？让我们回顾一下普罗克洛斯、迈蒙尼德和勒费弗尔·德·埃塔普勒所明确制定的原则，这些原则以一种或多或少明确的方式掌控着维滕堡学派的意见。地上物体的本性在心智的掌握之内。我们可以把这些物体的物理学建立在真实和符合实在的命题上。但是，天体实质的本性是我们无法理解的。因此，我们无法从确定的原理中推导出星体的运动。我们只能把天文学建立在虚构的假设上，而这些假设的唯一目标是为了拯救现象。

在我们看来，维滕堡的天文学家们在16世纪中期对假设的看法是相当一致的：他们都支持奥西安德尔在其著名的序言中提出的学说。现在梅兰希顿的证词告诉我们，在这所大学里，神学家们的想法与天文学家们完全一样。78

这些思想也不是维滕堡学派的专属财产；我们在纽伦堡的施莱恩福克斯和巴塞尔的沃斯泰森那里都发现了这些思想。

于是，通过浏览伊拉斯谟·奥斯瓦尔德·施莱恩福克斯于1556年[①]出版的多卷本《对乔治·普尔巴赫行星新理论的评论》，我们发现，在谈到天文学假设时，施莱恩福克斯的声音与普罗克洛斯或者辛普利西乌斯非常相像。

他制定的原则是，天体运动必须简化为圆周的和匀速运动。[②]在这个原则的指导下：

> 古人为了拯救游星的外观，把几种运动归属于它们中的每一个。每一个这样的运动，在分离的情况下，都是一致的，总是朝着同一个方向。但通过将所有这些运动复合起来，就会得到一个多样化的运动。……由此可以清晰地看到，《理论》里面所讲的唯一目标是拯救流星的外观，并且消除它们运动中的所有不规则现象。

随后[③]，施莱恩福克斯从梅兰希顿和莱因霍尔德那里得到灵感，

---

① Eramus Oswald Schreckenfuchs, *Commentaria in novas theoricas planetarum Georgii Purbachii* (Basel: per Henrichum Petri, 1556).

② 同上书，p. 3。

③ 同上书，p. 4; cf. "Praefatio," 接近末尾。

指出普尔巴赫是按照因果（τò ὅτι）顺序论证的，而托勒密则是按照果因（διóτι）顺序论证的：

> 托勒密通过反复观察，已经掌握了几颗游星的运动所呈现出的不规则性的**原因**，他把自己的全部智慧用于思考一种巧妙的轨道的排列，正如他们所说，这将"拯救"这种多样性。普尔巴赫掌握了轨道的排列顺序，以及对次移动的数学研究所需的一切，而且他抛开几何学的证明，通过这门非凡的科学的研究者称作因果（τò ὅτι）的方法，博学而清晰地解释了这一研究分支。

从施莱恩福克斯在这里所说的关于天文学假设的内容可以得出结论，他的观点与奥西安德尔明确表达的观点差别不大；当我们观察施莱恩福克斯是如何使用这些假设时，这一结论得到惊人的证实。

让我们看看第三卷[1]有趣的序言，它专门讨论第八个球体的运动，或者用更时髦的说法，讨论赤道的进动。首先，施莱恩福克斯让人想起托勒密、塔比·伊本·库拉以及阿方索星历表[2]提出的理论。接着他继续说：

79

---

[1] Eramus Oswald Schreckenfuchs, *Commentaria in novas theoricas planetarum Georgii Purbachii* (Basel: per Henrichum Petri, 1556), pp.388–389.

[2] 这些星表是在 13 世纪卡斯蒂利亚的阿方索十世（因此而得名）的推动下编制的，取代了早期的穆斯林表，并为欧洲的天文学家服务，直到被莱因霍尔德的普鲁士星历表和其他表所取代。——英译者

最后，自然界的奇迹尼古拉斯·哥白尼以及纽伦堡的约翰·沃纳出现了。在这里我不会说，这两位天文学家在对第八个天球的位置和运动的细微研究方面谁比谁更胜一筹。但我要公开宣布，无论我们以这两位中的哪一位为榜样，无疑都会比仿效我们刚才详尽回顾的任何其他观点更快地走向真理。

我们看到，施莱恩福克斯提出约翰·沃纳的赤道理论和哥白尼的理论同样合理，同样比古人的理论先进。现在，他发布了约翰·沃纳理论的摘要[①]，仅仅是阿方索体系的一个修改版：它使地球保持不动，并处于宇宙的中心。相比之下，

> 哥白尼颠倒了天文学研究中的所有运动，他对第八个天球也做了同样的处理：他把它看作固定的和不动的；他把真赤道和平赤道想象成在这个球体下面，并且从白羊座的第一颗星向与星座相反的方向运动。

很明显，天文学假设的物理真实性对施莱恩福克斯来说并不重要。他并不在意假设地球不动还是让它运动起来，只要他具有能准确拯救一组恒星位移的运动组合。在实践中，普尔巴赫的评论者坚持了奥西安德尔的原则。

施莱恩福克斯在纽伦堡大学教学，就像莱因霍尔德在维滕堡

---

① John Werner, *Tractatus de motu octavae sphaerae et summaria enarratio theorica motus octavae sphaerae* (Nuremberg, 1522).

教学一样，围绕他们有一群弟子，他们不把任何实在归于天文学
80 假设，只要求他们提供正确的天文表。在阿斯尔大学任教的克里
斯蒂·乌斯蒂森（Christian Wursteisen）（Vurstisius）就是这些弟
子之一。

乌斯蒂森的《关于乔治·普尔巴赫行星理论的问题》①以非常
有趣的序言（praefatio isagogica）为开端。其中，他引用了我们
之前谈到的蓬塔诺的建议，并采用其所蕴含的学说作为自己的学
说。他还提到了普罗克洛斯的《假设》。毫无疑问，正是普罗克洛
斯启发了他的反思，比如下面的内容：

> 每个天球都有天文学家指定的那么多轨道吗？从来没有
> 人能够决定。人类的思维只是推测，一个先天的安排与自然
> 效果和观察结果相一致。只有上帝知道真正的原因，知道他
> 崇高而奇妙的工作的秩序和安排。他为我们提供了这项工作
> 来思考，但对于他所掌握的知识，他只恩赐了几丝微光。天
> 堂在地球为凡人提供的蜗居上展开。我们并不居住在天上。
> 我们既不能面对面地看到它们，也不能用手触摸它们，没有
> 人从那里下来告诉我们他看到的东西。……那么，对于这些
> 不属于我们感官的物体，我们认为，当我们把它们归结为可
> 能的原因，也就是说，归结为没有什么荒谬东西从中产生的

---

① Christian Wursteisen, *Quaestiones novae in theoricas novas planetarum doctissimi mathematici Georgii Purbhachii Germani, quae Astronomiae sacris initiatis prolixi commentarii vicem explere possint, una cum elegantibus figuris et isagogica praefatione* (Basel: ex officina Henricpetrina, 1568, 1573, 1596).

原因时，我们的论证已经推得够远了。

最后一句话借用了亚里士多德的《气象学》：它对天文学假设做出了比莱因霍尔德、卡德和施莱恩福克斯更严格的要求，它希望这些假设至少是**可能的**，应该不会有什么荒谬的东西从中产生。我们很快就会看到，这一要求将被用来排除使用哥白尼体系。

乌斯蒂森本人似乎并不倾向于从他制定的原理中为如此顽固的立场找到理由。在替代性假设的问题上，他似乎更愿意分享他导师施莱恩福克斯的广泛折中主义——正如他书中的结论所显示的那样。他刚刚解释了《阿方索星历表》以及乔治·普尔巴赫阐述的固定星球的球体运动理论，现在又说这个理论与现象并不完全相符：

> 但我不认为非要在这里展示不可，部分原因是这一理论 81
> 的构思非常巧妙，部分原因是它已经为伟人提供了思考更多
> 精深学说的重要基础；比如纽伦堡的约翰·沃纳，尤其是托
> 伦的尼古拉斯·哥白尼。但这里不是讨论他们留给我们的这
> 部分天文学的隐晦教导的地方。

很明显，乌斯蒂森对哥白尼假设的态度与奥西安德尔、莱因霍尔德以及施莱恩福克斯的态度相同。

这就是德国的托勒密主义者所坚持的，即按照奥西安德尔的要求使用天文学假设，对于哥白尼之后意大利的托勒密主义者来说更是如此。例如，亚历山德罗·皮科洛米尼考虑到著名的序言

中所阐述的原理；事实上，他以几乎相同的术语制定了这些原理。我们不应对托勒密的拥护者坚持哥白尼的弟子奥西安德尔的学说感到惊讶，在整个古代和中世纪，一直是这个学说帮助他们对抗逍遥学派和阿维罗伊主义者的攻击。

亚历山德罗·皮科洛米尼，在他只出版了第一部分的《行星理论》[①]中认为：

> 话说回来，天文学家为了拯救行星的外观而想出的假设，在自然的真理中是否有其基础。
>
> 有些人认为，当托勒密、他追随的天文学家和他的后继者在天球穹顶上想象出本轮和偏心圆时，他们这样做是为了让人们真正相信，天空中的轨道就是这样被安排的。

按照这些思路思考的人，不得不陷入关于这种假设的可能性或适当性的争议。

> 我不想停下来争论这些发明是可能的还是不可能的，它们是自然界的朋友还是敌人，它们对自然界是否憎恶。这些装置的可能性或不可能性，使它们既不多也不少地符合天文学家的意图。因为他们的意图完全在于找到一种可以拯救行

---

[①] Alessandro Piccolomini, *La prima parte delle theoriche overo speculation de pianeti* (Venice: appresso Giordan Ziletti, al segno della Stella, 1563), "Permodo di digressione si discorre se le imagination fatte da gli Astrologi per salvar le apparentie dei Pianeti sono fondate nel vero della Natura," chap. 10, fols. 22–23. （第 1 版于 1558 年在威尼斯面世。）

星的外观，计算和估计它们，间或预测它们的方法。但我要
大胆地说，如果这些批评者认为托勒密和他的继任者构造了
这些图像、发明或组合，并坚定地认为事物的本性就是这样
的，那他们就大错特错了。是啊，对这些天文学家来说，它
们的构造能拯救外观，他们考虑到天体的运动、它们的排列
和它们位置的测量，这就已经很足够了。至于事物是否真的
如他们所设想的那样被构造出来，他们把这个问题留给自然
哲学家；他们自己并不为这个问题烦恼，只要他们的假设设
法拯救外观就可以了。

他们了解，从一个错误的假设可以推出真实的结论。
他们了解，不同的原因可以产生完全相同的结果：

　　我们观察天空中出现的许多行星。我们不知道它们实际
运行的原因是什么。但我们确信，如果我们的发明是真实的，
由它们产生的外观将与我们实际观察到的外观没有区别。这
对于计算、预测和我们所期望的知识——行星的状况、位置、
大小和运动——来说，已经足够了。

　　因此，当天文学家设定他们的假设时，他们几乎不会去
理会他们所想象的东西是必要的、可能的还是错误的问题。
这就是为什么我们发现托勒密在寻求拯救太阳的外观时，主
张并证明这可以通过偏心圆也可以通过本轮来完成。在这两
种方法中……他选择了偏心圆，但他让其他人自由选择其中
一种，因为可以看到两种方法都会产生同样的效果。如果托

勒密认为，为了使我们能够推断和总结这些外观，他所想象的手段必须是自然界的真实事物，而且轨道在天空中的排列也正如他分配给它们的那样，那么他就不会使用这种语言。

卢克莱修斯·皮科洛米尼补充说，他是与托勒密相同的方式来研究天体运动的：

> 他满意地指定了某些可能的理由，也就是说，如果我们假设这些理由是真的，那么必然得出正在考虑的结果。当然，一个结果不可能有一个以上的适当的、真实的和必要的原因。然而，正如我之前所说，相同的结果可能来自几个不同的原因不仅是可能的甚至是必然的。诚然，不是从这些原因的根本属性出发，而是作为所做假定的一个必然的结果和逻辑结论。……现在岔开话题，我要针对那些不了解出色的天文学家的意图就习惯性地挑他们错的人说，事情就是这样的。

奥西安德尔在《运行论》序言中的学说，没有皮科洛米尼在这里表达得更清楚。而且，皮科洛米尼显然非常重视它，因为在他的《行星理论》提出这些学说之前，他在《自然哲学》①中几乎以相同的术语简明扼要地讲授了同样的学说。

安德烈亚斯·塞萨尔皮努斯在他的《逍遥学派的问题》中表明，他是托勒密体系的拥护者。然而，在一个重要的问题上，他

---

① Piccolomini, *La seconda parte de la Filosofia naturale* (Venice: appresso Vincenzo Valgrisio, alla Bottega d'Erasmo, 1554), bk.4, chap. 5, pp. 381–384.

建议对这个体系进行修改，使其更接近哥白尼和第谷·布拉赫的体系。他意识到，没有什么轨道组合能让托勒密的后继者对金星和水星的运动提供一个令人满意的表述。那么，关于这两颗行星，塞萨尔皮努斯希望回到赫拉克利德斯·庞修斯、斯弗罗迪西亚的阿德拉斯图斯和士麦那的西昂的古代假设：应该让金星和水星围绕太阳旋转。他补充说：

> 我们不会在本文证明，其他人通过其他方式获得的结果也是来自这些天体运行轨道的理论。这样做会超出我们在这里打算涵盖的范围。我们并不因此认为天文学家的陈述是不真实的。他们考虑自然的物体，并不是认为它们是自然的，而是以数学方式考虑的。因此，对他们来说，只要对运动的计算和预测不出错就行了（idcirco satis est ipsis circa motuum numeros et supputationes non mentiri）。物理学家应该按照物理学的方法进行这些研究。物理学的方法现在包括：在天体中发生的一切都要以同样的方式进行，所使用的手段要尽可能少（Per pauciora magis quam per plura）。①

塞萨尔皮努斯并没有比奥西安德尔更狭隘地限制天文学家的选择自由。即使物理学家，也只是被托勒密毋庸置疑所接受的原理限制：在类似的情况下假设类似的假设！优先考虑比较简单的假设！ 84

------

① Andreas Cesalpinus, *Peripateticarum quaestionum libri quinque* (Venice: apud Iuntas, 1571). Lib.3, quaest. 4, "Planetas in circulis, non in sphaeris moveri," fol. 57 (verso). 这本书第一版在 1569 年出版于佛罗伦萨，我们无法查阅到。

像莱因霍尔德一样，弗朗西斯科·吉恩蒂尼精通决断占星学[①]。有人认为他计算出的星表比普鲁士星历表更精确。他对天文学假设，特别是对他一直使用的托勒密假设赋予了什么价值？我们必须翻阅他对萨克罗·波斯克的让的《天球论》的评论，以了解他对这个问题的看法。

然而，这种调查需要一些辨别力。对于有点肆无忌惮的吉恩蒂尼来说，评论萨罗·波斯克的约翰的《天球论》的诀窍，通常是简单地复制从各种天文著述中借用的长篇段落。他对原文的唯一改动是抹掉了作者的名字。因此，他在不同时期写的两部阐释程度不等的评论，包含从14世纪萨克森的阿尔伯特写的《论天空与世界的著作中的问题》（*Quaestiones in libros de caelo et mundo*）中摘取的整页内容。

1564年后发行了吉恩蒂尼的许多版本[②]的《行星轨道修正》（*Sphaera emendata*），里面对天文体系进行了简短论述[③]，但是在

---

① Andreas Cesalpinus, *Peripateticarum quaestionum libri quinque* (Venice: apud Iuntas, 1571). Lib.3, quaest. 4, "Planetas in circulis, non in sphaeris moveri," fol. 57 (verso). "通过这种科学，人类可以知道在这个世界或者在这个或那个城市、区域发生什么事情，以及对一个特定个体的一生来说，将要发生什么。" 所引用的定义是迈蒙尼德的，他解释了 "决断占星学的每一件事情，（它的追随者）断言比如某事会以这种而不是那种方式发生，以及一个人出生的星座会吸引他，使他成为这样或那样的人，并因此发生在他身上的事情以这种而不是那种方式发生。所有这些论断都远离科学的；它们是愚蠢的……那些国家的真正智者中没有一个忙于这件事或写这样的文章。" 我们引用的《关于占星术的信》现在可以在拉尔夫·勒纳和穆赫辛·马赫迪的《中世纪的政治哲学：原始资料》（New York: Free Press of Glencoe, 1963）中找到。——英译者

② 我们现在使用的版本如下：*Sphaera Joannist de Sacro Bosco emendata, cum...familiarissimis scholiis, nunc recenter compertis et collectis a Francisco Junctino Florentino sacrae Theologiae Doctore. Inserta etiam sunt Ellae Vineti Santonis egregia scholia in eandem sphaeram* (lyons: apud haeredes Iacobi Iunctae, 1567).

③ 同上书，pp. 103-105。

这篇论述中，当我们看到吉恩蒂尼陈述自己观点时必须要警惕，因为它只是摘录对《天球论》的评论，其中西班牙人佩德罗·桑切斯·西尔维罗的评论于1498年在巴黎发表，与之一起发表的还有德·艾利·皮埃尔针对这本书的《十四个问题》[①]。

　　1577至1578年，吉恩蒂尼在里昂印刷了一本内容更丰富的评注，虽然他通常还是仿照他人的评注。[②]在这本书中，吉恩蒂尼在天文学假设的问题上确实发表了个人意见，而且他相当清楚地阐述了自己的观点[③]：

> 　　不可能证明显现在天上的运动可以被拯救，除非使用偏心圆和本轮，它们排列得就像天文学家假设的那样。
>
> 　　不管怎样，偏心圆运动必然存在于天上。
>
> 　　此外，直到现在，还没有人找到比使用偏心圆和本轮更

---

　　① Pierre d'Ailly, *Uberrimum sphere mundi cementum intersertis etiam questionibus*. Colophon: Et sic est finis hujus egregii tractatus de sphere mundi Johannis de Sacro Bosco Anglici et doctoris Parisiensis. Una cum textualibus optimisque additionibus ac uberrimo commentario Petri Cirveli Darocensis ex ea parte Tarraconensis Hispanie quam Aragoniam et Celtiberiam dicunt oriundi. Atque insertis persubtilibus questionibus reverendissimi Doini Cardinalis Petri de Aliaco ingeniosisimi doctoris quoque Parisiensis. Impressum est hoc opusculum anno Dominice Nativitatis 1498 in mense februarii Parisius in campo Gallardo opera atque impensis magistri Guidonis mercatoris. Cap.4.

　　② Giuntini, *Sacrae Theologiae doctoris, Commentaria in Sphaeram Loannis de Sacro Bosco accuratissima*, (Lyons: apud philippum Tinghium, 1578). 这部分包括对萨克罗·波斯克的《天球论》的第一章和第二章的评论。Giuntini, *Sacrae Theologiae doctoris, Commentaria in tertium et quartum capitulum Sphaerae Io. De Sacro Osco* (Lyons: apud Philippum Tinghium, 1577)。在他的评论的第二部分，吉恩蒂尼故伎重演，剽窃了西尔维罗的观点（见 pp.301-304）。

　　③ 同上书，第四章的评论，pp.330-343。

合理的方法来给出每个运动的规则。

为了支持第一个命题，吉恩蒂尼援引了我们之前引用的阿奎那的段落。吉恩蒂尼将阿奎那的结论即"这还没有得到证明，仅仅是一个假设"（"hoc nonest demonstratum, sed supposition quaedam"）作为自己的结论。

另一方面，行星没有恒定的视直径，由此可见，它们与地球的距离并不总是相同的——这并不是一个单纯的假设。因此，必须承认，一些天体的旋转并不是以地球为中心的。

　　而这第二个命题与第一个命题并不矛盾。因为我们并没有说，证明存在偏心圆运动是不可能的。

86　　　相反我们说，以希帕恰斯、托勒密的方式，以及现代天文学家的方式排列它们的必要性是无法证明的。

吉恩蒂尼通过想象与托勒密提出的动力学组合不同，但同样能够挽救行星运动的不规则性的动力学组合，继续证明这一点。

同样，为了证明他的第三个命题，即《至大论》中的偏心圆和本轮体系比任何其他系统都更合理，他利用了托勒密的论据。

吉恩蒂尼显然同意皮科洛米尼（他很认可该书）关于天文学假设的说法。此外，在他的评论①的开头，他写道：

---

①　Giuntini, *Sacrae Theologiae doctoris, Commentaria in Sphaeram Loannis de Sacro Bosco accuratissima*, (Lyons: apud philippum Tinghium, 1578). 第一章的评论，p.10。

天文学分成五个部分。

第一部分大体思考天体的运动、位置、形状。这是哲学家在《论天空》的书中探讨的部分。然而，我们不必因为它不是以数学论据的方式，而是以物理学论据的方式考虑所有这些事情，就称它是"天文学"。

第二部分通过数学论据大体思考天体的运动、位置、形状。这是作者在当前论文中解释的。与其他部分相比，这部分是笼统的。

第三部分转而谈论具体情况，尤其是行星的运动和天体的旋转。这就是托勒密在《至大论》中所涉及的部分。

第四部分特别谈到行星相互之间的合、冲和视位置。托勒密在《至大论》中也谈到这些事情。从属于这一部分的还有某些特殊的研究，其中包括星表的构建，如《阿方索星历表》《普鲁士星历表》以及我们自己的、叫作《天文计算表》（*Tabulae resolutae astronomicae*）的构建。

第五部分是决断占星学。

很明显，《天文计算表》的作者对天文学假设持有的态度与《普鲁士星历表》的作者相同。

乔万尼·贝内德蒂·巴蒂斯塔也对天文表有浓厚的兴趣。在他的信函中，充满了对《普鲁士星历表》和吉恩蒂尼的星表[①]的评

---

① Giovanni Battista Benedetti, *Diversarum speculationum mathematicarum et physicarum liber* (Turin:apud haeredem Nicolai Bevilaque, 1585).

87　论。这些评论促使他经常提到《运行论》[①]。作为一个优秀的几何学家，他对哥白尼提出的拯救天体现象的运动组合明显表示敬佩。但是他和与他通信的人都不太关注哥白尼的**假设**。他只有一次提到这些假设[②]，既没有采纳也没有拒绝，而只是回顾说，对哥白尼而言，地球被降为位于月球本轮中心部分。他补充道，像地球这样的天体是不是有可能不在每个行星本轮的中心？谁知道呢！

　　在哥白尼的书出版后的二三十年间，大多数天文学家的心态似乎很了然：哥白尼的工作很快赢得了他们的注意，因为它似乎非常适合构造精确的天文表，而且哥白尼的运动组合似乎比托勒密的更好。至于哥白尼据以推导他的运动组合的假设，以及它们是真实的、可能的还是纯粹虚构的问题——他们把这些问题留给了物理学家；解决这些问题是自然哲学家的事。他们按照奥西安德尔的建议对待这些假设，并不是因为匿名的序言以任何方式把这种态度强加给他们，而是因为这一直是他们的习惯性态度。从希腊古代到整个中世纪，直到文艺复兴初期，正是这种态度，使托勒密体系的拥护者能够不管逍遥学派弟子和阿维罗伊主义者，而在天文学方面取得进展。他们只是无视后者为恢复中心球体系所做的反复的、通常是徒劳的努力。紧随哥白尼之后的天文学家以14、15世纪巴黎和维也纳科学家的方式处理假设；施莱恩福克斯和莱因霍尔德继承了像普尔巴赫和雷乔蒙塔努斯等人的传统。

---

　　① Giovanni Battista Benedetti, *Diversarum speculationum mathematicarum et physicarum liber* (Turin:apud haeredem Nicolai Bevilaque, 1585). pp.215, 216, 235, 241-243, 260, 261, 315。

　　② 同上书，p.255。

这就是为什么我们发现，那些使用《运行论》中的几何构造的天文学家与那些继续坚持《至大论》中的计算方法的天文学家，对天文学假设的本性几乎持有完全相同的观点。

而这一时期的神学家也赞同这一观点。关于这一点，研究梅兰希顿的思想状态格外有趣。梅兰希顿与莱因霍德一起在维滕堡教书，莱因霍尔德的第一本书还是梅兰希顿写的序言。 88

路德以圣经的名义第一个向哥白尼假设宣战，作为他忠诚的弟子的梅兰希顿，不得不追随他。

1549年，梅兰希顿发表了他在维滕堡演讲的物理学讲稿[①]。这就是他对地球运动假设的看法：

> 有些人声称，地球在移动。他们断言第八个球体和太阳是不动的，而把运动分给其他球体，并且把地球算作这些球体的一个。在阿基米德的一本叫作《数沙者》（*De numeratione arenae*）中，作者报告说萨摩斯的阿利斯塔克为下述悖论辩护：太阳保持固定，地球围绕太阳转动。
>
> 聪明的科学家以辩论一系列问题为乐，这些问题为他们的聪明才智提供了空间。但年轻人应该认识到，这些科学家并不打算断言这样的事情。让年轻人主要拥戴那些得到有能力普遍同意的观点，那些一点也不荒谬的观点。这样他们就会明白，上帝已经揭示了真理；他们应该以虔诚的态度接受

---

① Melanchton, *Initia doctrinae physicae dictata in Academia Vuitebergensi*, 2d. edition (Wittenberg: Johannes Lufft, 1550). 这本书的第一版在 1549 年出版，我们无法查阅到。

并默认它。①

因此，梅兰希顿试图证明地球是固定的，不仅使用逍遥学派物理学的经典论据，而且主要是通过圣经的文本——正是这些论据和文本在大约八十年后被引用来反对伽利略。

同一个梅兰希顿以物理学和神学的名义，非常明确地谴责哥白尼的假设，关于月球他是这样说的：

> 我将遵循从托勒密流传下来的习惯性方法，大多数天文学家至今都遵循这种方法。虽然哥白尼最近想出的月球轨道组合非常适合（admodum concinna），但我们还是要保留托勒密的方法，以便在某种程度上传授给学生学校普遍接受的学说。②

梅兰希顿如何在没有公然矛盾的情况下，说哥白尼假设与物理学和神学相悖，却又欣赏由这些假设推导出来的月球理论呢？原因并不难找。据梅兰希顿说，哥白尼设计他的假设只是为了拯救现象。他相信，哥白尼和他的追随者都无意将他们的假设赋予实在性："让年轻人知道他们不愿意对这样的事情做出断言"。（"sciant juvenes non velle eos talia asseverare."）

---

① Melanchton, *Initia doctrinae physicae dictata in Academia Vuitebergensi*, 2d. edition (Wittenberg: Johannes Lufft, 1550). bk.1,cap., "Quis est motus mundi?" fols.39-42.

② 同上书，cap., "De luna," fol.63 (recto)。

梅兰希顿把这种态度归咎于哥白尼学说是很自然的，因为他自己也是这样对待他更喜欢的托勒密假设的。

因此，他在写到关于太阳的运动时说[①]：

为了让我们在某种程度上理解太阳的这种适当运动是什么，一些非常有学问的几何学家制造了各种自动装置。他们把一定数量的球体一个个堆放在一起，而行星可以说是被安置在这些球体中。甚至有人说，阿基米德建造了这种天体运动的自动机（αὐτόματα），也就是向眼睛呈现这些运动的太阳系仪……

在这里，我们要指责阿维罗伊和其他许多哲学家执拗和善于争吵的性格。由于我们不能说这种机制真的在天上存在，因此他们取笑用这么多的技艺拼凑起来的学说。

如果阿维罗伊和其他人能够停止将混乱带入既定的科学，那就好了。为什么他们不向我们展示更适合的、可以建立精确计算的天体运动规律？由于阿维罗伊的论证极其粗糙（prorsus βάναυσα），我们在此不必重复。此外，几何学家自己从来没有要宣称天上存在这样的模型。他们只想给出天上运动的确切数量。

稍后，梅兰希顿重申了这一立场。[②]因此他解释道，尽管哥白

---

① Melanchton, *Initia doctrinae physicae dictata in Academia Vuitebergensi*, 2d. edition (Wittenberg: Johannes Lufft, 1550)., cap., "De Sole," fols.52 (verso), 53 (recto).

② 同上书，cap., "De Luna," fol 63 (recto)。

尼理论很准确，他将按照托勒密的方法处理月球运动，紧跟这段话之后他补充说：

> 在这一点上，应该提醒听众，当几何学家想到要构造这样的球体和这样的本轮时，是为了使它们的运动规律和周期清晰可见，而根本不是因为天空中存在这样的机制，尽管流行说法是上面有某些球体。

梅兰希顿认为，既然天文学假设的唯一作用是表示天体现象并促进其精确计算，假设本身没有任何实在意义，那么当他说哥白尼的理论非常准确，而同时又以物理学和圣经的名义拒绝它们，尤其指关于地球运动的假设时，我们不应该感到惊讶。

我们没有发现任何文本可以让我们了解，和梅兰希顿同时代的天主教神学家是如何看待天文学假设的。但有一个非常重要的事实表明，在这个问题上他们总体上同意梅兰希顿的观点：格列高利十三世在1582年完成历法改革的计算，就是基于《普鲁士星历表》①。当然，在采用这些根据哥白尼的理论构建的星表时，教皇绝不是想要赞同地球运动的假设，他也把天文学假设看成是专门为拯救外观而设计的装置。

然而，随着时间的推移，神学家和哲学家对哥白尼假设的敌意增加了。像梅兰希顿一样，他们认为这些假设在哲学上是错误的，在神学上是异端，但是他们没有梅兰希顿那么宽容，他们甚

---

① August Heller, *Geschichte der Physik von Aristoteles bis auf die neueste Zeit* (Stuttgart, 1882), vol.1, p.270.

至在天文学上不允许使用这些假设，即使赞誉哥白尼的天文学天才也冒犯了他们。1569年，施莱恩福克斯写道：

> 在地球运动的问题上可以激起各种辩论。我们将在尼古拉斯·哥白尼的书中找到这样的讨论，他是一个无可比拟的天才人物。如果我不是担心因此而得罪某些人——这些人无论多么正确，都过分地坚持古代哲学家传下来的判断——的话，我完全有权利称他为世界上的奇迹。[①]

大约在同一时间，我们听到莱因霍尔德和梅兰希顿的学生佩克尔，大声反对在天文学中使用哥白尼假设，然而却接受了他的计算程序：

> 完全与真理无关，哥白尼的这些假设的荒谬性令人震惊。[②]

在同一本书——《天文学假设和行星理论》（*Hopotheses astronomicae seu theoricae planetaru*）出版于1571年的其他地方，他写道：

> 我已经使我的假设与哥白尼的观察和星表一致。至于　91

---

① Schreckenfuchs, *Comnearia in sphaeram Ioannis de Sacrobusto.* entire (Basel: ex officina Henricpetrina, September, 1569), p.36.

② 转引自 Leoplod Prowe, *Nicolaus Copernicus* (Berlin, 1883), vol. 1, pt. 2, p. 81。

哥白尼假设本身，我认为在任何情况下都不应该把它们引入学校。

显然，对天文学问题感兴趣的人的态度正在发生变化。任何能够拯救现象的假设，即使是一个从哲学家的角度来看既不真实也不可能的假设，都被杰玛·弗里修斯、奥西安德尔和那些与他们持相同观点的人认为是有用的；但是从此以后，在一个假设能够被用于天文学之前，它将被要求要么肯定地，要么或多或少可能地符合事物的本性。从现在开始，天文学将受制于哲学和神学。

# 7. 从格列高利历法改革到伽利略审判

天文学假设只是拯救现象的手段，只要它们符合这个目的，
它们就不需要是真的，甚至也不需要是可能的。

从哥白尼的著作和奥西安德尔的序言出版，一直到格列高利
历法改革，这似乎是天文学家和神学家普遍接受的观点。然而，
从历法改革到伽利略审判之间延续的半个世纪里，这种天文学假
设的观念沦为被遗忘的状态，或者说，它遭到盛行的实在论的猛
烈抨击。新的实在论坚持要在天文学假设中找到关于事物本性的
断言；因此，它要求这些假设与物理学的教导和圣经文本一致。

班贝格的博学的耶稣会士克里斯托弗·克拉维乌斯写了一
篇有关萨克罗·波斯克的让的《天球论》(*Sphaera*) 的长篇评
论。这部著作的前两个版本分别于1570年和1575年在罗马印
刷，没有谈论天文学假设的问题。但在1581年的第三版，克拉
维乌斯在标题页的注释"许多且不同的增补"("multis ac variis
locis locupletata")①那里列举了新增内容；其中就有"关于偏心

---

① Christopher Clavius, *In Sphaeram Ioannis de Saro Bosco commentaries nunc
iterum ab ipso Auctore recognitus, et multis ac variis locis locupletatus*. Permissu
superiorum (Rome:ex offcina Dominici Basae, 1581).

圆和本轮与一些哲学家非常有用的辩论"（disputatio perutilis de orbibus eccentricis et epicyclis contra nonnulos philosophos）。那篇题名为"天文学家在天空中发明的偏心圆和本轮这样的现象"（"Eccentrici et epicycli quibus φa lvoμèlvols ab astronomis inventi sunt in coelo."）的辩论非常长，占用了27页精美的印张。[1]而且非常有趣的是，不仅托勒密体系受到检查，哥白尼假设也受到检查。克拉维乌斯是哥白尼著作的崇拜者。在讨论天文学发明物时，他多次指名提及它，不仅包括《天球运行论》还有《普鲁士星历表》；他甚至称哥白尼为"最优秀的几何学家，他在我们的时代使天文学重新站立起来，因此他将与托勒密比肩而被所有后人赞美和钦佩"。这些观点使克拉维乌斯对哥白尼假设的批判具有异乎寻常的分量。

还有一种情况增强了这些批判的重要性：克拉维乌斯告诉我们[2]，作为耶稣会的成员，他还是格列高利十三世设立的预备历法改革委员会中的一员。因此，可以认为他是当时在罗马盛行的智力倾向的权威解释者。

克拉维乌斯解释说[3]，他只是拒绝把偏心圆和本轮变成纯粹为了拯救表象而设计的虚构：

> 某些作者同意，所有外观都可以通过假设偏心圆轨道和

---

[1] Christopher Clavius, *In Sphaeram Ioannis de Saro Bosco commentarius nunc iterum ab ipso Auctore recognitus, et multis ac variis locis locupletatus*. Permissu superiorum (Rome:ex offcina Dominici Basae, 1581). pp. 416-442.

[2] 同上书，p.61。

[3] 同上书，pp. 434-435。

本轮来辩护，但在他们看来，这并不意味着这些球在自然界真的存在；它们全都是虚构的；事实上，可能有一些其他更方便的方法来为所有的外观辩护，尽管它还不为我们所知。此外［据他们说］，很可能发生的情况是，尽管这些球体完全是虚构的，根本不是外观的真正原因，但真正的外观可以通过这些球体来辩护；因为正如亚里士多德的辩证法所表明的，从假的可以推断出真。

　　这一推论从以下方面得到了进一步的证实。在名为《天球运行论》的著作中，尼古拉斯·哥白尼以不同的方式拯救了所有外观。他假设苍穹是固定不动的；他进一步假设太阳是不动的，位于宇宙的中心；至于地球，他将三重运动归于它。那么，偏心圆和本轮对于拯救游星的外观就不是必要的。

克拉维乌斯拒绝向这些论点投降。对于那些拥护它们的人，他说：

　　如果他们有更方便的方法，为什么不向我们展示呢？我们会对它感到满意，并对他们大为感激。天文学家所追求的是以最方便的方式拯救天体的外观，不管是通过偏心圆和本轮的步骤还是通过其他步骤。但是，由于到目前为止，还没有人找到比通过偏心圆和本轮来拯救外观更方便的方法，因此天球有这样的轨道自不待言。

如果有人极力反对克拉维乌斯：只要还没有确认其他假设无

94

法拯救这些相同的外观，那么就不能从假设与现象的一致性中证明假设的实在性。克拉维乌斯会有力驳回这样的反对意见，说它会破坏整个物理学，因为这门科学完全是通过从结果到原因的方法建立起来的。事实上六十年前，路易斯·科罗内尔正是这样建议的，即物理学理论应该被同化为天文学的学说。

然而，哥白尼通过一个有别于托勒密的体系成功地拯救了外观，无论如何，这一事实导致克拉维乌斯削弱了他的实在论声明，几乎将它们总结为吉恩蒂尼的公式化表述。

> 哥白尼能够以不同的方式成功地拯救了外观，这一点都不令人惊讶。偏心圆和本轮的运动让他知道了时间、大小、外观的质、未来以及过去。由于他非常聪明，他能够想出一种新的方法，在他看来，这种方法更方便，可以拯救外观。……就像当我们知道一个正确的结论时，我们可以构建一连串的论证，从错误的前提中得出那个结论。但是，哥白尼的学说远非引导我们放弃偏心圆和本轮，它更愿意推动我们去假设它们。天文学家之所以想象出这样的球体，是因为这些现象以一种极其确定的方式让他们知道，游星并不总是与地球保持相同的距离。……从哥白尼的假设中可以得出的所有结论是，不能绝对确定偏心圆和本轮是按照托勒密的想法排列的，因为有大量的外观可以用不同的方法得到辩护。现在，关于这个问题，我们试图让读者相信的是，游星在其路线上并非总是与地球保持一个不变的距离；因此，天空中一定存在着如托勒密所建议的本

轮和偏心圆，或者至少要在那里提出一些原因，从对结果的解释这方面来考虑，这些原因相当于偏心圆和本轮。①

这个结论几乎一字不差地重复了吉恩蒂尼谨慎构想的主张。

哥白尼体系正是这里所说的这样一个体系——严格地从解释 95
天文现象的角度考虑，它所提供的原因**就**相当于偏心圆和本轮。
为符合他刚刚制定的规则，克拉维乌斯应该把哥白尼体系视为与
托勒密体系一样是可接受的。

如果哥白尼假设不包含任何虚假或荒谬之处，那么，只
要它是一个拯救外观的问题，人们就会拿不定主意是坚持托
勒密的观点还是哥白尼的观点。但是，哥白尼的理论包含了
许多荒谬或错误的断言：它假定地球不在苍穹的中心；它以
三重运动的方式运动——我认为这是不可想象的事情，因为
根据哲学家的说法，一个单一的简单物体按理有一个简单的
运动；［它进一步假设］太阳在世界的中心，并且它失去任何
运动——所有这些都与哲学家和天文学家共同接受的学说相
冲突。此外，正如我们在第一章②看到的那样，这些论断似乎

①　Christopher Clavius, *In Sphaeram Ioannis de Saro Bosco commentarius nunc iterum ab ipso Auctore recognitus, et multis ac variis locis locupletatus.* Permissu superiorum (Rome:ex offcina Dominici Basae, 1581). pp. 436-437。

②　在讨论哥白尼关于地球运动的假设的第一章里面，克拉维乌斯为我们这个球体的不动性辩护："圣经也支持这个观点，因为在许多地方，他们断言地球是静止的，而太阳和其他星星是运动的。"（Favent huic quoque sententiae Sacrae Literae quae plurimis in locis Terram esse immobilem affirmant Solemque ac caetera astra moveri testantur.）下面列出大家熟悉的相关文本。同上书，p. 193。

与圣经中多处对我们的教导相矛盾。这就是为什么在我们看来，托勒密的观点应该优先于哥白尼的观点。

从这些考虑可以得出以下结论：存在偏心圆和本轮是可能的；就像存在八个或十个天体是可能的一样；因为天文学家正是借助明显的外观，发现天空和这些星球的数目。

因此，克拉维乌斯在天文学假设问题上的立场可以根据以下命题来界定：

天文学假设应尽可能准确和方便地拯救现象，但这并不足以使它们成为可接受的。

我们不能把确定性作为可接受性的条件；我们还是应该坚持或然性。

天文学假设要成为可能的，必须符合物理学原理，而且不能与教会的教义或经文相抵触。

于是，对任何进入科学领域的天文学假设都要加上两个条件：

它在物理学上不能是错的（falsa in Philosophia）。

它在信仰上不能是错的，在形式上更不能出错。（erronea in Fide, nor, a fortiori, formaliter baeretica）

96　　这些正是宗教裁判所在1633年判断哥白尼体系的两个基本假设的标准，正是因为这两个假设在宗教裁判所看来都是物理学上的错误，其中一个至少在信仰上错的（ad minus erronea in fide），另一个在形式上有问题（formaliter baeretica），所以才禁止伽利略支持它们。

在耶稣会士克里斯托弗·克拉维乌斯在罗马出版的作品中，

建议任何受到许可的天文学假设具备这两个特征之前的三年，新教徒第谷·布拉赫就在欧洲的另一端描述并使用了这两个假设。

尽管布拉赫1577年[①]论彗星的著作直到1588年[②]才发表，但前八章在1578年就已完成。在第八章的开头，布拉赫为了证明提交的新理论的合理性，解释了为什么他认为他必须拒绝托勒密的体系和哥白尼的体系。[③]

通过假设行星均轮的旋转是匀速的，不是围绕那个均轮的中心而是围绕赤道的中心，考虑到托勒密采用过"违反技艺的主要原则的假设"，因此布拉赫认为：

> 在最近由伟大的哥白尼引入的萨摩斯的阿利斯塔克精神的创新……这个创新熟练而彻底地规避了托勒密体系中所有多余的或不和谐的东西。在任何方面都没有触犯数学原理。然而，它为地球这个庞大的、惰性的、不适合运动的物体，赋予了一种像缥缈的火炬一样快速的运动，而且是三重运动。由于这一点，它受到了不仅以物理学原理的名义，而且以圣

---

① Cf. Houzeau and Lancaster, *Bibliographie générale de l'astronomie*, vo.1, p.596.

② Tycho Brahe, *De mundi aetherei recentioribus phaenomenis liber secundus, qui est de illustri stella caudata anno 1577 conspecta* (Uraniborg, 1588). 我们在这本书中引用的是遵循下面著作中重印的文本：*Tychonis Brahe mathim: eminent: Dani Opera omnia sive Astronomiae instauratae progymnasta in duas partes distributa, quorum (sic) prima de restitutione motuum Solis et Lunae, stellarumque inerrantium tractat. Secunda autem de mundi aetherei recentioribus phaenomenis agit* (Frankfurt, impensis Ioannis Godofredi Schönwetteri, 1648).

③ 同上书，pt.2, p.95。

经权威的名义的驳斥。正如我们将在其他地方更充分地表明的那样，后者多次肯定了地球的不动性……

　　因此对我来说，这两种假设（托勒密的假设和哥白尼的假设）似乎都遇到了严重的困难。我冥思苦想，致力寻找某种假设，这种假设在所有方面——无论是从数学的立场还是从物理学的立场——都能得到严格的证实，而且不必为了避免神学的责难而诉诸诡计；简而言之，[我寻求]一种完全适合天上现象的假设。

　　奥西安德尔在其著名的序言中制定的原则，现在在第谷·布拉赫看来只是一个旨在逃避神学谴责的托词。天文学假设不仅应该拯救现象，它们还应该符合逍遥学派的哲学原则以及圣经；因为它们不纯是虚构的表达，还是描述实在。哥白尼的假设无论多么适合外观，都应该被拒绝，因为它们无法与事物的本性一致。在开普勒的努力下，在第谷·布拉赫死后一年出版的著作中再一次提到这一点。

　　伟大的哥白尼归因于天体视旋转的这种安排，是极其巧妙和极为适合的，但实际上它并不符合事实。[①]

　　布拉赫关于天文学假设的本性的观点，于16世纪末和17世纪初在德国传播。

　　我们眼前有一本未出版的论天文学的小书的手稿，它是托尔

---

① Brahe, *Astronomiae instauratae progymnasta, quorum haec prima pars de restituione motuum Solis et Lunae stellarumque inerrantium tractat* (Uraniborg, 1589; absoluta Prague, 1602), in Brahe, *Opera omnia*, pt.1, pt.4.

高的乔治·霍斯特以萨克罗·波斯克的让的《天球论》为蓝本，于1604年在维滕堡①写就。尽管它的基本元素具有教科书的性质，或者说正因为如此，这部小书可以非常贴切地让我们了解17世纪初这所著名的新教大学如何看待天文学假设。它使我们能够衡量梅兰希顿和莱因霍尔德在该大学任教以来的50年中，关于天文学假设的态度变化有多大。在这部小书的开头，乔治·霍斯特说：

> 天文学是一门支配天体运动或天体之间的关系或天体与地球的关系的科学。它被称为"全盛时期的科学"（scientia a potiori），因为尽管它是只通过视觉（κατ᾽ ὄψιν）来显示天上的一些东西，但它通过无可置疑的原理来确定其大部分结论，并且以一种如此确定和无误的方式做到这一点，以至于普利尼……理所当然地说："真可耻，有人竟然能让自己不相信它。"
>
> 天文学的原则有两种——真实的原则和类比的原则。前者是算术和几何：通过这些科学，就像借助翅膀，我们把自己提升到天空，在太阳和其他星体的陪伴下飞翔着穿越天空。后者是外观（φαινόμενα）和假定（ὑποθέσεις），它们之所以被称为类比的，是因为它们没有表明某事存在或发生的原因（propter quid），而只是证明某事发生了……

98

---

① George Horst, *Tractatus in arithemeticam Logisticam Wittebergae privatim propositus* (1604); *Horst Introductio in Geometriam; Explicatio brevis ac perspicua doctrinae sphaericae in quatour libris distributa.*

天空中所有通过视觉呈现的事物都被称为外观。

**假设**是科学家做出的假定，通过这些假定，他们对天空中产生的各种外观进行拯救和辩护。天生就渴望了解原因（ποῦ ἀιτίον）的科学人，正如亚里士多德在《形而上学》第一卷中所说，他们通过假设了解这些天体变化的原因，并将其揭示给他人。在这些假设中，我们发现了偏心圆球体、本轮和其他类似的物体。

乔治·霍斯特对于这些假设，就像对于现象一样赋予了绝对的、不可预测的确定性，为了确保没有任何东西使这种确定性受到怀疑，他不厌其烦地列举他所赞同的所有假设——关于天空、水和地球等等，并给出了精确的表述。每个假设都附有作为其保证的理由；这些理由几乎总是被排列成两个系列：作者首先列举那些通过观察以及逍遥学派物理学提供的理由，然后列举取自圣经文本的理由。

例如，地球的不动性就像在梅兰希顿的《物理学入门》（*Initia physicae*）中那样被这两种论证所证实。但是，梅兰希顿在引用这两种论证来支持物理学真理时，却让天文学家自由地借助不符合这个真理的人造假设来拯救现象。乔治·霍斯特把天文学假设当作确定的、绝无谬误的原则。这就是为什么他试图通过物理学论证和神学论证来证明它们。

哥白尼体系的敌人越来越依赖这一原则，即天文学假设是物理实在的表达。人们可能会认为，**他们的**态度会迫使哥白尼学说的信奉者采取相反的立场，与奥西安德尔一样，坚持天文学假设仅仅是拯救现象的计策；承认天文学假设应当符合事物的本性，哥白尼学说的信奉者们使他们的体系陷入危险之中。一方面，他 99 们的假设确实与被多数哲学家认为是确定的逍遥学派物理学的那些原理相矛盾，他们摧毁了这些原理却没有提供任何东西来取代它们；例如，地球运动的假设与学者们教导的抛射体运动的学说不相容，哥白尼学说的信奉者没有一个试图提供这种运动的新理论。另一方面，地球运动和太阳静止似乎被圣经明确否定了，这种不同意见对于大部分诚挚的基督徒，无论是天主教还是新教的人来说，不能不说打击很大。

因此，哥白尼学说的信奉者们有各种可想到的理由，倾向于《运行论》序言中所建议的立场。然而，他们选择的却是相反的立场。他们以比托勒密学派更大的热情，宣称天文学假设必须是真理，只有哥白尼的假设符合实在。

布鲁诺在他最早的一部著作中[①]与奥西安德尔的观点做斗争时，他不仅仅是充满激情的，而且也是粗暴的。

他叙述说，有些人认为：

> 哥白尼并没有真正采纳"地球在运动"的观点，因为这是一个自相矛盾的、不可能的假设。相反，他不得已把运动归于地球而不是第八个球体，只是为了便于计算。

---

① Michel di Castelnuovo, *La cena de le ceneri. Descritta in cinque dialogi, per quattre interlocutori, contre consideration, circa doi suggetti, all'unico refugio de le Muse* (1548). Reprinted in *Le opera italiane di Giordano Bruno* (Göttingen: Paolo de Lagarde, 1888), vol.1, pp.150–152.

但是，布鲁诺说道：

> 如果哥白尼仅仅以这个理由而不是以任何其他理由肯定地球的运动，那它就显得不重要了，甚至是微不足道的。但毫无疑问，哥白尼相信这种运动，就像他所肯定的那样，而且他用他所掌握的所有技巧证明了这一点。

随即布鲁诺谈道：

> 我不知道是哪位无知自大的驴子在哥白尼的著作中附了某篇序言，他似乎想为作者开脱；或者说，他想确保即使在这本书里，其他驴子也能找到他留在那里的生菜和素食，这样他们就不会冒险不吃早餐就走了。

在这个礼节性的介绍之后，布鲁诺引用了序言继续说：

> 看啊，这个英俊的守门人！看哪，他是多么善于开门，让你进入并参与这门最光荣的科学；如果没有这门科学，计数和测量、几何和透视的艺术也不过是聪明的疯子的消遣。令人惊叹的是，他是多么忠实地服务于这所房子的主人！

尽管这些讽刺的话语不太是味儿，但当布鲁诺公然抨击奥西安德尔的序言和哥白尼写给教皇保罗三世的信之间的矛盾时，他是正确的；当他宣称哥白尼"不仅担任了假设地球运动的数学家的职务，而且还担任了证明地球运动的物理学家的职务"时，他是正确的。

布鲁诺本人的实在论是相当符合哥白尼和雷蒂库斯的传统的。在这个传统中，最坚决和最杰出的代表无疑是开普勒。甚至在他的处女作即1596年印刷的《宇宙的奥秘》①的序言中，他就告诉我们，六年前在图宾根，当他还是迈克尔·麦斯特林的助手时，他已被哥白尼的体系所吸引：

> 从那时起，我决心不仅要把第一活动物体的运动赋予地球，而且要把太阳的运动赋予地球。哥白尼这样做是出于数学上的原因，而我把太阳的运动归于地球是出于物理学上的原因，或者如果你愿意的话，就是形而上学的原因。

开普勒是一个新教徒，但是宗教信仰很深。如果哥白尼的假设与圣经相抵触的话，他就不会认为这些假设符合实在了。因此，在他能够在形而上学或物理学领域取得进展之前，他必须先跨越神学领域。在《宇宙的奥秘》第一章的开头，他告诉我们："在对自然的讨论中，我们必须从一开始就要注意不要说任何与圣经相违背的话。"②

---

① Kepler, *Prodromus dissertationum cosmographicarum continens mysterium cosmographicum de admirabili proportione orbium coelestium deque causis coelorum numeri, magnitudinis, motuuque periodicorum genuinis et propriis, demonstratum per quinque regularia corpora geometrica* (Tübingen: excudebat Georgius Gruppenbachius, 1596) in Kepler, *Opera* (Frisch ed., vol. 1, p. 106).

② 同上书，p. 112。

101 　　开普勒在这里指出了哥白尼的信奉者今后必须遵循的道路。作为实在论者，他们希望他们的假设符合事物的本性；作为基督徒，他们承认圣经的权威；因此，他们必须努力使他们的天文学说与圣经相协调，并迫使自己以神学家自居。

　　如果他们以奥西安德尔的方式构想天文学假设，他们就可以避免这种限制。但那些忠实于哥白尼和雷蒂库斯主张的人却无法忍受臭名昭著的序言中所阐述的信条。开普勒说道①：

　　　　某些人大肆宣扬从一个特殊的证明中得出的例证，即经由严格的三段论推理，一个真实的结论从错误的前提中得出。基于这个例子，他们声称哥白尼持有的假设有可能是错的，尽管如此，真实的外观能够从这些假设中得出，就像从它们固有的原理中得出一样。我从来没有赞同过这种观点……

　　　　我斩钉截铁地断言，所有哥白尼后验发现的一切，所有他利用几何学公理、通过观察证明的一切，都可以以先验的方式得到证明，这种方式排除一切疑虑，甚至会赢得亚里士多德的支持，如果他还活着的话。

　　正如我们前面看到的②，雷莫·贝尔在1597年发表了《论天文

---

　　① Kepler, *Prodromus dissertationum cosmographicarum continens mysterium cosmographicum de admirabili proportione orbium coelestium deque causis coelorum numeri, magnitudinis, motuuque periodicorum genuinis et propriis, demonstratum per quinque regularia corpora geometrica* (Tübingen: excudebat Georgius Gruppenbachius, 1596) in Kepler, *Opera* (Frisch ed., vol. 1, pp. 112–113).

　　② 参考上面 chap.6, n.2。

学假设》（*De hypothesibus astronomicis*）。在这部著作中，奥西安德尔在《运行论》一书的序言中阐述的信条再次被采纳。但是根据开普勒对厄休斯[1]《假设》[2]的分析，厄休斯以极具误导性的夸张歪曲了哥白尼著作的编者的思想。例如，人们可以在那里[3]读到："假设［天文学］是对世界系统的想象形式的虚构描述，而不是这个系统的真正的和真实的形式。"这是勒费弗尔·德·埃塔普勒已经出色地发展了的观点。但是人们还会读到："假设［天文学的］如果是真的，那么它们就不是假设。"或者说："假设的适当目标就是从假中推出真。"这些断言只是使用双关语而已。"假设"这个词在普通谈话中具有这种不确定的假设的含义，但是哲学家和天文学家保留了它的词源意义，即一个理论所依赖的基本命题的意义。

为了反驳厄休斯，大约1600年或1601年开普勒构思了一本未曾完成的论著，直到最近才出版[4]，它为我们提供了有关《运行论》序言的重要历史信息。我们现在就引用它来说明开普勒对天文学假设的性质到底有什么看法：

在天文学中，就像在其他每一门科学中一样，我们教给读者的结论都是认真提供给他的；纯粹使用双关语被排除在外。因此，我们打算让他相信我们结论的真实性。现在，如

---

[1]　即雷莫鲁斯·厄休斯（Raimarus Ursus）。——译者
[2]　我们无法亲自查阅这本著作。
[3]　Kepler, *Opera* (Frisch ed., vol.1, p. 242).
[4]　Kepler, *Apologia Tychonis contra Nicolaum Rayarum Ursum*, in Kepler, *Opera* (Frisch ed., vol. 1, p.215.)

果一个论证要合法地导致一个真实的结论，它的前提——在这里是假设——必须是真实的。因此，除非我们从两个都是真的假设出发，以便根据演绎的规则得出结论，否则我们就达不到我们的目的，即向读者展示真理的目的。如果作为前提的两个假设中的一个出现了错误，或者两个都出现了错误，那么从中得出正确的结论也是非常有可能的。但正如我早先在《宇宙的奥秘》的第一章中所说，这只是偶然发生的，并不总是如此。……

有一句谚语说："说谎者要有好记忆。"对于意外导致正确结论的错误假设也是如此。在证明的过程中，当它们被应用于更多不同的情况时，它们不会总是保持提供真实结论的习惯。它们最终肯定会出卖自己。

现在，没有一个我们赋予其名声的假设作者愿意让自己冒着结论是错误的风险。因此，他们中没有人愿意科学地采纳他的假设中充满错误的命题。这就是为什么人们发现他们通常更热心于将要提出的假设，而不是从证明和结论中推出的假设。所有至今出现的知名作者，都借助几何学和物理学所提供的理由来检验他们的假设，并且他们希望这些假设既与几何学一致，也同物理学一致。[①]

但是，难道不存在**截然不同的**、然而是**等效的**假设吗？难道不存在不能同时为真，但却导致相同结论的假设吗？希帕恰斯的

---

[①] Kepler, *Apologia Tychonis contra Nicolaum Rayarum Ursum*, in Kepler, *Opera* (Frisch ed., vol. 1, p. 239).

理论提供了一个典型的例子，该理论允许太阳的运动由一个和宇宙同心的圆上旋转的本轮表示，也允许由一个偏心圆表示。这难道不是肯定证明了，尽管没有一个天文学家能够知道假设本身是否是真的，但却从中可以推出真的结论吗？

在开普勒看来，这种不确定性，是那些在审查假设时拒绝使用除了数学理由以外的任何其他理由的天文学家的天命；如果同时使用几何学的理由和物理学的理由，肯定会让这种不确定性消失殆尽。

> 我毫不怀疑，用这一规则衡量所有事物的人，不会有机会遇到一个独特的假设——不论它是简单还是复杂的，这个假设最终不会产生一个与其他任何假设可能提供的结论判然有别的特别结论。尽管两个假设的结论在几何学领域是一致的，但在物理学领域，每个假设都会产生一个专门的结果。然而，科学家们并不总是注意这些只是在物理学领域显示出来的差异；他们总是束缚自己的思想，不让它超越几何学和天文学的范围。正是在这两门科学的限度内停留时，他们讨论了假设的等效性问题。他们根据不同的结果进行抽象推理，如果考虑到邻近的科学的话，这些结果将减弱甚至消除所谓的等效性。

根据开普勒的说法，两个不同假设的等效性只能是部分等效性。如果某个结论可以从两个不可调和的假设中推出来，这不是因为它们的差异，而是因为它们所具有的共同点。

在这里，我们重新遇到了阿佛洛狄亚的阿德拉斯图斯和士麦那的西昂的思想。

开普勒并不满足于批评奥西安德尔和厄休斯所坚持的学说。他想进一步实践他所制定的实在论原则。就这种实在论而言，他的天才的最伟大的纪念碑《哥白尼天文学概要》①就是明证。

该书一开始就宣布"天文学是物理学的一个部分"。这句箴言远非无害，从作者向我们讲述的假设的原因（de causis hypothesium）②中可以很明显地看出来。

天文学家"行囊"的第三部分是物理学。它通常不被认为是天文学家所必需的；然而天文学家的科学与这部分哲学的目标有很大的关联，没有天文学家，这部分哲学的目标就无法完成。事实上，天文学家不应该获得绝对许可，在没有充分理由的情况下虚构任何东西。你应该能够为你声称是外观的真正原因的假设提供可能的理由。因此从一开始，你就应该在更高的科学中，我的意思是在物理学或形而上学中寻找你的天文学的基础。在你的特定的科学为你提供的几何学、物理学或形而上学论据的支持下，你将不会被禁止超越该科学的界限，然后你就可以讨论与这些高级学说有关的事情了。

104

---

① Kepler, *Epitome Astronomiae Copernicanae usitata forma quaestionum et responsionum conscripta, inque VIII libros digesta, quorum hi tres priores sunt de doctrina physica* (Lenz: excudebat Johannes Plancus, 1614), in Kepler, *Opera* (Frisch ed., vol. 6, p. 119).

② 同上书，pp. 120-121。

　　在《概要》的写作过程中，开普勒利用一切可能的机会，用来自物理学和形而上学的论据支持他的假设。然而什么样的物理学，什么样的形而上学！这里很难说开普勒用这两个词表明了什么奇怪的假想和幼稚的幻想。我们不想研究开普勒实际上是如何构建他的天文学的，对我们来说，只要知道他想如何构建它就足够了：正如我们现在所知，他希望天体运动的科学建立在物理学和形而上学保证的基础上；他还要求天文学假设与圣经保持一致。

　　但除此之外，在开普勒在著作中还宣布了一个新的抱负：天文学一旦建立在真实的假设上，将能够通过其结论为物理学和形而上学的发展做出贡献，而最初为天文学提供原则的正是物理学和形而上学。

　　伽利略起初采用了托勒密的假设。1656年，这位伟大的比萨几何学家的一篇关于宇宙学的小论文在罗马印刷。[①]它被收录在1744年[②]出版的帕多瓦版伽利略著作的第二卷中。编者的一个简短注释表明，存在着同一篇文章的手稿副本。从这份手稿来看，伽利略这篇作品写于1606年，被当作帕多瓦大学的研究者便览。伽利略著作后来的版本收录了这篇小论文。

　　两年前，乔治·霍斯特在维滕堡推出了他的《球体学说的说明》( *Expositio doctrinae sphaericae* )。将伽利略的小作品与乔治·霍斯特的《说明》进行比较是非常有趣的。两位作者的主要倾向非常相似。像霍斯特一样，伽利略首先谈到了构成天文学的　105

---

　　① Galileo Galiei, *Trattato della sfera o Cosmografia* (Rome, 1656).

　　② *Opere di Galileo Galilei divise in quattro tomi, in questa nova edizione accresciute di molte cose inedited* (Padua, 1744), vol.2, p.514.

各种因素。他挑出**现象**，然后是假设。像霍斯特一样，他提供了一个关于假设的定义："某些与天球结构有关的假定，比如对外观的回答。"然后他继续说道：

> 既然我们现在正在论述这门科学的主要原则，我们将绕过比较难的计算和证明，单独讨论假设。我们要全神贯注证实它们，然后通过外观的方法确立它们。

伽利略在谈到假设的证实时究竟想到了什么？如果它们**拯救了现象**，它们是充分的吗？或者它们一定为真或者至少可能为真吗？伽利略的要求和霍斯特的要求一样严格：他也希望天文学理论的基础符合实在。像霍斯特一样，他声称要通过经院哲学家的物理学的经典证明来证明它们的真实。伽利略的证明和霍斯特的证明之间只有一个明显的区别：只要有可能，这位维滕堡大学的新教教授就会在圣经文本的影响下，来补充从亚里士多德的物理学中得出的合理理由。而帕多瓦大学的天主教教授从来没有诉诸这些文本。

当伽利略最终采纳了哥白尼的体系时，他是本着在遵循托勒密体系时激励他的同样的精神：新体系的假设不应仅仅是为天文表计算的手段，而是符合事物本性的命题。他希望它们建立在物理学的基础上。人们甚至可以说，对哥白尼假设的这种物理学的证实，是伽利略所有研究——尽管研究多种多样——倾向的中心。此外，由于他希望哥白尼理论的基础是真理，由于他认为真理不可能与圣经（他承认它的神圣启示）相矛盾，他必然会试图使他的论断与圣经文本相协调。随着时间的推移，他也变成了神学家，这一点从他给洛林的玛丽·克里斯蒂娜的著名信件中可以看出。

伽利略声称天文学的假设表达了物理学的真理，并宣称这些假设在他看来并不与圣经相抵触。他和开普勒一样，完全继承了哥白尼和雷蒂库斯的传统。他反对那些代表了新教的第谷·布拉赫和代表天主教的克里斯托弗·克拉维乌斯传统的人。这些人在1580年左右说过的话，就是宗教裁判所的神学家们在1616年的郑重宣言。

他们抓住了哥白尼体系的这两个基本假设：

太阳是世界的中心，在局域是完全不动的（Sol est centrum mundi et omnino immobilis motu locali）。

地球不是世界静止不动的中心，而是完全不分昼夜地自身运动（Terra non estcentrum mundi nec immobilis, sed secundum se totam movetur, etiam motu diurno）。

他们问自己，这两个命题是否具有哥白尼学说的信奉者和托勒密主义者一致要求的任何可接受的天文学假设的两个标志：这些命题是否与正统的物理学相符？它们与圣经的神圣启示相调和吗？

现在对于宗教法庭的审问官来说，正统物理学是亚里士多德和阿维罗伊的物理学，它对第一个问题做出了明确否定的回答：两个被牵连的假设在人物理学上是愚蠢的和荒谬的（stulae et absurdae in Philosophia）。

至于圣经的启示，宗教裁判所的顾问们拒绝接受没有教会神父的权威支持的解释。因此，对第二个问题的下述回答是不可避免的：第一个命题是形式上的异端（formaliter haeretica），第二个命题至少在信念上是错误的（ad minus in fide erronea）。

这两个受到指责的命题，都不具备被认为是任何可接受的天文学假设的两个标志；因此，两者都必须被断然拒绝；即使就是为了**拯救现象**这个唯一的目的也不能使用。于是，伽利略被禁止教授哥白尼学说，**无论以何种方式**。

宗教裁判所的谴责是两个实在论立场之间的冲突造成的。这种正面冲突本来是可以避免的，如果留心科学理论的性质和它们所依据的假设的某些睿智的戒律——首先由波希多尼、托勒密、普罗克洛斯和辛普利西乌斯系统地阐述，通过一个不间断的传统，直接传到奥西安德尔、莱因霍尔德和梅兰希顿——在托勒密主义者和哥白尼的信奉者们之间的辩论本来可以保持在天文学的范围内。但现在这些戒律似乎被遗忘了。

然而，一些权威的声音再次呼吁人们注意它们。

枢机主教贝拉明就是其中之一，他也是1616年审查伽利略和福斯卡里尼关于哥白尼学说的著作的人。早在1615年4月12日，贝拉明就给福斯卡里尼写了一封充满智慧和审慎的信。[①]下面我们引用这封信的内容：

> 在我看来，尊敬的阁下和伽利略先生会谨慎行事，让自己满足于从预设（ex suppositione）方面谈论而不是言之凿凿，就

---

① 这封信由 Domenico Berti 在 *Copernico e le vicende del sistema copernicano in Itaia nella seconda metà del secolo XVI e nella prima del secolo XVII* (Rome, 1876), pp.121-125 中首次发表。

像我一直以来相信哥白尼所说的那样。假设地球是运动的，而
太阳不动，认为这样可以比曾经的偏心圆和本轮更好地拯救现
象，这么说实际很好。这没有什么危险，对数学家来说已经足
够了。但是，如果想肯定太阳真的在世界中心保持静止，它只
是自转，没有从东到西的运转，而地球位于第三重天，围绕太
阳迅速转动，这是非常危险的事情。它不仅可能激怒所有的哲
学家和经院神学家，还可能伤害信仰，使圣经变得虚假。

如果能肯定地证明太阳一直在世界的中心，地球在第三
重天，不是太阳绕着地球转，而是地球绕着太阳转，那么人
们在阐释经文时就必须慎重行事了。……但除非有人向我证
明这一点，否则我不会相信它的存在。人们通过假设太阳在
宇宙的中心，地球在天上，来证明拯救了所有外观是一回事，
而要证明太阳真的在宇宙中心，地球真的在天上，则是另一
件事。对于前者，我相信可以给出证明；但对于后者，我强
烈怀疑；仅仅在怀疑的情况下，你不应该偏离圣经，因为圣
父已经详尽地阐述了它。

伽利略知道贝拉明写给福斯卡里尼的信：从得知这封信到
他第一次审判之间，他发表的几篇作品包含着对枢机主教贝拉明
论点的反驳。精读这些文章（贝蒂是第一个发表这些文章摘录的
人），我们就能抓住伽利略关于天文学假设思想的精神主旨。

一篇①起草于1615年年底，是写给宗教裁判所的顾问的，要

---

① *Copernico e le vicende del sistema copernicano in Itaia nella seconda metà del secolo XVI e nella prima del secolo XVII* (Rome, 1876), pp. 132-133.

他们注意不要犯两个错误：第一个声称地球的移动是某种**巨大的悖论，是明显的愚蠢行为**，至今没有得到证实，而且永远无法证实；第二个认为哥白尼和其他假设这种移动的天文学家"不相信它在事实上和本性上是真的"，而只是把它作为一种"假定"来承认，以便更容易符合天体运动的外观，更加便于天文计算。

宣称哥白尼相信他在《运行论》中明确表达的假设的实在性，以及（通过对作品的分析）证明哥白尼不承认地球的运动和太阳的静止只是预设（ex suppositione），就像奥西安德尔和贝拉明会认为的那样，伽利略是在维护历史的真实。但是比他作为历史学家的判断更让我们感兴趣的是他作为一名物理学家的观点。现在，从我们正在分析的作品中很容易看出这一点。伽利略认为，不仅地球运动的真实性是可以证明的，而且它已经被证明了。

这一思想在另一个文本中①更加突出，我们从中了解到，伽利略认为哥白尼假设是可以证明的，也了解到他是如何理解被实现的证明的：

> 现在相信地球运动是可以被证明的，到这种证明被展示出来，是非常谨慎的行为；我们也不期望任何人在没有证明的情况下相信这种事情。我们所要求的是，为了神圣教会的利益，对这一学说的追随者提出的一切或他们能够提出的一切都要进行最严格的审查；除非他们的任何一个命题获得说服力的论据远远超过另一方的理由，否则它得不到承认。如果

---

① *Copernico e le vicende del sistema copernicano in Itaia nella seconda metà del secolo XVI e nella prima del secolo XVII* (Rome, 1876), pp. 129-130.

他们的看法没有超过百分之九十的理由支持他们，就应该被拒绝。但是反过来，一旦证明对立面的哲学家和天文学家的看法是完全错误的，那它就完全没有权威性了，就不应该再对第一方的看法嗤之以鼻，也不应该把它说成多么自相矛盾，以至于无法想象可以得到明确的证明。为了本次辩论的目的，我们可以提出类似慷慨的条件，因为很明显，那些坚持错误一方的人不可能有任何有价值的理由和经验支持他们，而一切都必须与真理的一方达成一致与和谐。

诚然，在太阳不动而地球运动的假设下表明外观得到拯救，与证明这种假设在本质上确实是真的并不是一回事。但是也应该承认，而且更加确凿的是，普遍接受的体系中没有对这些外观做出解释，因此这个体系无疑是错误的；同样，我们也应该承认，一个与外观非常接近的体系可能是可靠的；人们既不能也不应该在一个理论中寻找其他的或比这个更伟大的真理，因为它对所有特定的外观都做出了回答。

如果人们对后一个命题稍加强调的话，那么就很容易使它屈从于奥西安德尔和贝拉明的学说，也正是伽利略在攻击的学说。因此，逻辑迫使这位伟大的比萨几何学家明确提出一个与他希望建立的结论正好相反的结论。在先前引用的那段话中，他的思想相当鲜明地显示出来。

在他的心目中，待定的辩论似乎是一种决斗：两种学说都声称各自拥有真理。一个在说真话，另一个则在说谎。谁将在它们之间做出决定？经验！经验拒绝同意的学说将被认为是错误的，出于同样原因，另一个学说将被宣布符合实在。两个对立体系中的一个被摧毁，就会保证另一个的确定性，就像在几何学中，一个命题的荒谬意味着对立面的真理性。

如果有人怀疑伽利略是否真的持有我们归因于他的观点，我们相信，只要读一读下面这几句话，他就会信服：

> 在我看来，证明哥白尼的立场不违背圣经的最快速和最可靠的方法是，用一千个证据证明这个命题是真实的，那么相反的立场根本无法维持。因此，由于两个真理不能相互矛盾，被承认为真实的立场必然与圣经一致。[①]

伽利略关于实验方法的有效性和使用它的艺术的观念，几乎就是培根后来提出的那些观念。伽利略模仿几何学中的归谬法证明，构想了一个假设的证明。经验通过判定一个错误的体系，赋予其对立面以确定性。实验科学通过一系列的两难问题取得进展，每一个问题都由一个判决实验性来解决。

由于这种设想实验方法的方式非常简单，它必然会广为流行；但由于它过于简单，所以它完全弄错了。假设这些现象不再被托勒密体系拯救，那么就必须承认该体系是无根据的。但是从这一点来看，绝不能得出哥白尼体系是真实的；后者毕竟不是纯粹的、简单的托勒密体系的对立物。承认哥白尼假设能够拯救所有已知的现象；承认这些假设**可能**是真的，乃是一个有根据的结论，但

---

[①] *Copernico e le vicende del sistema copernicano in Itaia nella seconda metà del secolo XVI e nella prima del secolo XVII* (Rome, 1876), pp.105-106.

并不是说它们**一定为真**。要证明这后一个命题的合理性，就需要证明设想不出另一套可以同样拯救现象的假设。后者的证明从未被给出。事实上，在伽利略那个时代，难道不可能通过第谷·布拉赫的体系拯救所有可能的外观来支持哥白尼体系吗？

这些逻辑性的观察在伽利略时代之前就已经做出了，在希帕恰斯成功地用偏心圆或本轮拯救太阳运动的那一天，它们的合法性就给希腊人以深刻印象。托马斯·阿奎那非常清晰地阐述了它们。尼弗、奥西安德尔、亚历山德罗·皮科洛米尼、吉恩蒂尼在他之后也都加以重申。一个权威的声音再次提醒这位杰出的比萨人注意这些前辈。

很快以乌尔班八世之名升任教皇的红衣主教马菲奥·巴贝里尼，在1616年审判之后与伽利略会面，讨论哥白尼学说。红衣主教奥雷吉奥出席了这次会议，为我们留下了一段记录。[①]在这次会议上，未来的教皇通过类似于刚才复述的那些论据，把伽利略论证隐藏的这个错误——既然天体现象都与哥白尼假设一致，而它们却不被托勒密体系所拯救，那么哥白尼假设肯定是真的，而且必然与圣经一致——暴露无遗。

根据奥雷吉奥的论述，未来的乌尔班八世建议伽利略：

　　请仔细注意，他对地球运动所设想的内容和圣经之间是

---

① Oregio, *Ad suos in universas theologiae partes tractatus philosophicum praeludum completens quatuor tractatus...* (Rome: ex typographia Manelphii, 1637), p.119. 同样的叙述在写于 1629 年的 Oregio: *De Deo uno* (cf. Domenico Berti, *Copernico e le vicende*, pp. 138–139) 中第 194 页也可以找到。

否一致，以便拯救天空显示的现象，以及哲学家通常认为通过观察和仔细检查与天上和星球运动有关的事物就可以解决的所有问题。实际上，在承认这位伟大的科学家所设想的一切时，他（巴贝里尼）问他，以不同的方式安排和移动轨道和星体，同时也拯救天上显示的所有现象，以及关于星球运动——它们的顺序、位置、相对距离和排列——的所有教导，这是否超出了上帝的能力和智慧。

111　　　　这位主教补充说，如果你想坚持认为上帝不能也不知道如何做到这一点，那么你必须证明所有这些东西都不能由与你所构想的相异的系统获得，这样的系统会包含矛盾。因为上帝有能力做所有不暗含矛盾的事情。此外，由于上帝的科学并不逊于他的能力，如果我们说上帝能够完成它，我们也应当说他通晓它。

　　如果上帝知道并能够以不同于你想象的方式安排所有的事情，而同时又能拯救所有列举的效果，那么我们就没有义务把这种神圣的力量和智慧降低到你的这个系统中。

　　听到这些话，这位伟大的科学家保持了沉默。

　　这位即将成为乌尔班八世的人曾提醒伽利略注意以下真理：无论经验的证实多么多和多么准确，它们都不能把一个假设变成确定的真理，因为这还需要证明这样一个命题，即这些同样的经验事实会与能够设想的任何其他假设公然矛盾。

　　巴贝里尼和乌尔班八世的这些非常合乎逻辑和谨慎的告诫，是否足以说服伽利略，使他不再对有关实验方法和天文学假设的价值抱有过度的自信？人们可能疑虑重重。在1632年关于两大世界体系的著名的《对话》中，伽利略不时地宣称，他把哥白尼学说当作一种纯粹的假设，而不声称它在本质上是真实的。但是萨尔维阿蒂积累的支持哥白尼理论真实性的证据，证明这些声明是假的；它们无疑只是绕过1616年禁令的借口。就在对话即将结束的时候，为托勒密体系辩护的吃力不讨好的任务落在了辛普利西奥这位认真而又愚钝的逍遥学派学者身上，他以这样的话作结：

> 我承认，你的想法在我看来比我听说过的许多人的要巧妙得多，即使如此，我也不认为它们是真实的和决定性的。因为我的脑海中一直有一个非常牢固的学说，这是我从一个非常有学问的知名人士那里学到的，在它面前我们必须驻足。因此，我想对你们两个人提出以下问题：上帝能否以他无限的能力和无限的科学，不是通过移动容器的方式而是以其他方式给水元素带来我们所观察到的振荡运动？……如果答案是肯定的，我立即得出结论，即想要把神圣的智慧和能力限制在一个特定的猜想中，那将愚蠢无比。

对此，萨尔维阿蒂回答道： 112

> 一个值得尊敬的和真正的天使般的学说。人们可以以一种非常接近的方式，用另一种学说、一种神圣的学说来回答。虽然上帝允许我们对世界的构成进行争论，但上帝补充说，我们没有条件发现他亲手创作的作品。

通过辛普利西奥和萨尔维阿蒂之口，伽利略可能希望向教皇表达一种微妙的奉承。也许他还想以嘲讽的方式回答红衣主教巴贝里尼的老论点。乌尔班八世的看法是这样的：为了反对伽利略顽固的实在论，他放任宗教裁判所逍遥学派弟子的不妥协的实在论；1633年的审判是为了确认1616年的判决。

# 结　　论

自乔尔达诺·布鲁诺以来，许多哲学家都对奥西安德尔在哥白尼的书前所写的序言提出了严厉的批评。贝拉明枢机主教和教皇乌尔班八世对伽利略的劝告，自它们首次发表以来对它们的严肃讨论丝毫也没有减少。

113

我们今天的物理学家，在比他们的前辈更细致地衡量了天文学和物理学中运用的假设的价值之后，在目睹许多过去作为确定性的幻觉破灭后，他们不得不承认并宣布，道理在奥西安德尔、贝拉明和乌尔班八世这一边，而不在开普勒和伽利略这一边，因为前者了解实验方法的精确范围，在这方面开普勒和伽利略是错误的。

然而，在科学史上，开普勒和伽利略被列为实验方法的伟大改革者，而奥西安德尔、贝拉明和乌尔班八世则被默默地忽略了。这段历史是正义至上吗？难道那些把错误的范围归入实验方法并且夸大其价值的人比那些从一开始就几经斟酌而精确估计的人，更努力更恰当地完善了实验方法吗？

哥白尼学说的信奉者顽固地坚持着不合逻辑的实在论，尽管一切都促使他们放弃这个错误，尽管通过赋予天文学假设以许多

114 权威人士为它确定的"公正价值"，他们可以轻易地避免哲学家的争吵和神学家的责难。他们的行为确实很奇怪，需要解释。可是除了伟大真理的诱惑外，能怎么解释呢——对于哥白尼者来说，要领会的真理太模糊了，以致无法纯粹地阐明它，无法使它从它所隐藏在那里的错误观念中解脱出来，但是被感觉到的真理又是如此鲜明，无论逻辑的戒律还是审慎的劝告都无法削弱它无形的吸引力。那么，这个真理是什么呢？这就是我们现在要试图阐明的东西。

在整个古代和中世纪，物理学显示出两个截然不同的分支，以至于它们在某种程度上是相互对立的。一个是有关天上的和不朽事物的物理学，另一个是受制于生成和毁灭的有关地上事物的物理学。

这两种物理学中，第一种物理学讨论的存在，被看作是比第二类物理学讨论的存在具有无限高的本质；因此推断前者比后者难得多，二者无法比拟。普罗克洛斯教导我们说，地上物理学是人类可以接触到的，而天上物理学则超出了人类的理解力，是为上帝保留的。迈蒙尼德赞同普罗克洛斯这一观点；按他的说法，天上物理学充满了神秘，对它的认识是上帝留给他自己的；但地上物理学，完全可以在亚里士多德的著作中得到解决。

然而，与古代和中世纪的人所想的相反，他们构建的天上的物理学造诣非凡，比他们地上的物理学要先进得多。

自柏拉图和亚里士多德时代起，关于星球的科学就按照我们今天施加给自然的研究计划进行组织。一边是天文学——像欧多克索斯和卡利普斯这样的几何学家建立了数学理论，通过这些

理论可以描述和预测天体运动，而观察者则估计，根据计算得出
的预测在多大程度上与自然现象吻合。另一边是物理学本身，或
者用现代术语来说，是天体宇宙学——像柏拉图和亚里士多德这
样的思想家沉思于星球的本性和它们运动的原因。天上物理学的
这两个分支之间的关系是什么？它们之间精确的分界线是什么？
是什么样的亲和力将一个分支的假设与另一个分支的结论结合起
来？古代和中世纪的天文学家和物理学家对这些问题进行了辩论，
他们以不同的方式回答这些问题，因为人们的思想——当时和现
在一样——是由不同的驱动力引导的，这些驱动力非常像那些激
起现代思想家的驱动力。

　　关于地上事物的物理学从容不迫地达到类似的分化与组织的
程度之前，还需要很多工作要做。在现代，它也将被分为两部分，
即类似于自古代以来天上的物理学被分成的那些部分：整合了数
学系统的理论部分，该部分通过它们的公式提供了关于现象的精
确定律的知识；试图推测物体及其属性的本性，它们所受的或它
们所施加的力的本性，它们相互组合的本性的宇宙学部分。

　　在古代，在中世纪、文艺复兴期间，要进行这种划分是非
常困难的。地上的物理学对数学理论仅有肤浅的认识。该物理学
中仅有两个分支——光学（perspectiva）和静力学（scientia de
ponderibus）——具有数学形式的外表，物理学家们很难在科学的
分级体系中为它们分配适当的位置。除了**光学和静力学**之外，对
掌管现象的规律的分析仍然是纯粹定性的和相当不准确的。地上
的物理学还没有从宇宙学中解脱出来。

　　例如，在动力学方面，自由落体定律（自从十四世纪以来断断

续续地显现）和抛射体运动定律（在十六世纪模糊地推测过）继续卷入关于局域运动、固有运动和剧烈运动、运动者和被运动者共存的形而上学的讨论中。直到伽利略时代，我们才看到物理学的理论部分——其数学形式现在正被阐明——从宇宙学部分脱离出来。在此之前，这两部分仍然紧密地结合在一起，或者说，不可分割地纠缠在一起。它们合在一起构成了局域运动的物理学。

然而与此同时，天上事物的物理学和地上事物的物理学之间的古老区别正逐渐被抹去。继库萨的尼古拉斯、列奥纳多·达·芬奇之后，哥白尼敢于将地球同化为行星。而第谷·布拉赫通过对那颗在1572年出现后又消失的恒星的研究，表明即使是恒星也会有生成和毁灭。最后，伽利略通过对太阳黑子和月球山的发现，使两种物理学的结合得以完成。至此，物理学成为一门科学。

116　　因此当哥白尼、开普勒和伽利略异口同声地宣布，天文学应该只把被物理学确立为真的命题作为它的假设，这个独具慧眼的断言实际上包含了两个完全不同的命题。它可以被认为，天文学假设是对天上事物的性质及其实际运动的判断。它也可以表示，实验方法通过充当对天文学假设正确性的把握，将以新的真理来丰富我们的宇宙学知识。可以说，第一种含义停留在断言的表层，它是直接显现的。16世纪和17世纪的伟大天文学家清楚地看到了这层含义，他们对此做出了正式的表达，也正是这层含义赢得了他们的效忠。然而如果这样理解，他们的论点是错误且有害的。奥西安德尔、贝拉明和乌尔班八世理所当然地将其视为与逻辑相悖。正因为它在人类科学中产生无数的误解，它最终被摈弃掉了。

在第一个不符合逻辑但却明了且诱人的含义下，还有另一层含义：在要求天文学假设符合物理学学说时，文艺复兴时期的天文学家实际上是要求天上运动的理论也可以建立在我们在地上观察到的运动的理论的基础上。恒星的轨迹、海洋的涨落、抛射体的运动、重物的坠落，**这一切**都将被**同一套**公设所拯救，这些公设是用数学语言写成的。

这个含义仍然深深地隐藏着。清楚地看到这一点的，不是哥白尼，也不是开普勒，更不是伽利略。在文艺复兴时期的天文学家们就已经把握的清楚的、然而是错误的和危险的含义之下，虽说另一个含义被掩盖了，但仍保留了它的丰富性。虽然天文学家赋予其原理的错误和不符合逻辑的意义引起了争议和争吵，但同一原理的真实但隐蔽的意义却催生了这些发现者的科学成就。当他们竭力支持前者的严格真理时，却在不知不觉中确立了后者的正确性。当开普勒一次又一次地试图用水流或磁铁的特性来解释星球的运动时，当伽利略试图使抛射体的路径与地球的运动相一致时，或者当他试图从地球的运动中得出对潮汐的解释时，他们都认为他们这样做是在证明哥白尼的假设在事物的本性中有其基础。但是，他们逐渐引入科学中的真理，是力学形式的真理，它们通过单独一组数学公式，必定表示了星球的运动、海洋的振荡、重物的下落。他们认为自己是在"革新"亚里士多德；实际上他们是在为牛顿做准备。

尽管有开普勒和伽利略，但我们今天与奥西安德尔和贝拉明一样认为，物理学假设仅仅是为了拯救现象而设计的数学发明。但是，幸亏有开普勒和伽利略，我们现在要求他们把无生命的宇宙的**所有现象**一起拯救。

117

# 索　引

（索引中的页码为原书页码，即中译本边码）

Abraham of Balems, 巴尔麦的亚伯拉罕, 27.

Abu Beker ibn-Tofail, 阿布·贝克尔·伊本-图法伊尔, 29, 31.

Abu Wefa, 阿布·瓦法, 26.

Achillini, Alessandro, 阿利桑德罗·阿基利尼, 47-48, 51, 52.

Adrastus, 阿德拉斯图斯, 9, 13, 15-16, 18, 27, 67, 103.

al-Battani, 阿尔巴特南, 26.

Albert of the Great, 大阿尔伯特, 59.

Albert of Saxony, 萨克森的阿尔伯特, 60, 84.

al-Bitrogi（Alpetragius）, 阿尔·比特鲁吉（阿尔皮特拉朱斯）, 29, 31-33, 36-40, 47, 49, 51.

Alexander of Aphrodisias, 阿佛洛狄西亚的亚历山大, 5.

al-Fergani, 阿尔弗加南, 26.

Alhazen, 阿尔哈增, 参考 Ibn al-Haitam.

Alpetragius, 阿尔皮特拉朱斯, 参考 al-Bitrogi.

Amico, Gianbattista, 詹巴蒂斯塔·阿米科, 50.

Aquinas, 阿奎那, 参考 Thomas Aquinas.

Archimedes, 阿基米德, 88, 89.

Aristarchus of Samos, 萨摩斯的阿利斯塔克, 88, 96.

Aristotle, 亚里士多德, 14-16, 21 n, 22, 23, 29, 31, 32, 36, 41-45, 47, 50, 60, 64, 65, 80, 86, 93, 105, 106, 114, 117.

Avempace, 阿芬巴塞, 参考 Ibn al-Badia.

Averroes, 阿维罗伊, 29-33, 41-43, 47, 49, 50, 52, 59, 89, 106.

Bacon, Francis, 弗兰西斯·培根, 109.

Bacon, Roger, 罗吉尔·培根,

38-40.

Barberini, Maffeo，马费奥·巴贝里尼，参考 Urban VIII.

Bellarmine, Cardinal，枢机主教贝拉明，106-9, 111, 113, 116-117.

Benedetti, Giovanni Battista，乔万尼·巴蒂斯塔·贝内德蒂，86.

Bernard of Verdun，凡尔登的贝尔纳，37-38, 40.

Berthelot，贝特洛，x-xi.

Bicard, Ariel，阿里尔·比卡德，74, 77, 80.

Bonaventura, Saint，圣·波拿文都拉，40, 67.

Brahe, Tycho，第谷·布拉赫，96-97, 105-106, 110, 115.

Bruno,Giordano,乔尔达诺·布鲁诺，99-100, 113.

Buridan, John，让·布里丹，60.

Calippus,卡利普斯，6-7, 14, 16, 21 n, 23, 41, 50, 64, 114.

Capuano, Francesco or Giovanni Battista, of Manfredonia，曼弗雷多尼亚的弗拉切斯科·卡普安诺，或者曼弗雷多尼亚的乔万尼·巴蒂斯塔，52-53, 63, 65.

Cesalpinus, Andreas，安德里斯·塞萨尔皮努斯，83.

Cirvelo, Pedro Sanchez，佩德罗·桑切斯·西尔维罗，84-85.

Clavius, Christopher，克里斯托弗·克拉维乌斯，92-96, 106.

Cleanthes，克莱安西斯，14, 18.

Copernicus, Nicholas，尼古拉斯·哥白尼，xxii, 32, 46, 61-67, 69, 71-73, 75-76, 79-81, 87, 88-91, 92-102, 105-112, 115,116.

Coronel, Luiz，路易斯·科罗内尔，58-60, 94.

Cusa，库萨，参考 Nicholas of Cusa.

Decryllides，德西尔莱德斯，12-15, 18

Eudemus，欧德摩斯，5.

Eudoxus，欧多克索斯，5-7, 14, 16, 21 n, 23, 41, 49, 50, 114.

Faber Stapulensis，费伯·斯特普兰西斯，参考 Lefèvre d'Etaples.

Foscarini，福斯卡里尼，107.

Fracastoro, Giralomo，吉拉洛莫·弗拉卡斯托罗，49-50.

Frisius，弗里修斯，参考 Gemma

Frisius.

Galileo, 伽利略, xxii-xxiii, 88, 92, 96, 104-112, 113, 115-117.

Geminus, 盖米努斯, 10, 12, 24, 33, 67.

Gemma Frisius, 杰玛·弗里修斯, 69, 74, 91.

Georg Purbach, 乔治·普尔巴赫, 参考 Purbach, Georg.

Gibbs, Joshua Willard, 乔舒亚·威拉德·吉布斯, xiii.

Giuntini, Francesco, 弗朗西斯科·吉恩蒂尼, 84-86, 94, 110.

Gregory XIII, 格列高利十三世, 90, 93.

Heimbuch, Heinrich, 亨利希·亨布赫, 46.

Heraclides Ponticus, 赫拉克利德斯·庞修斯, 11, 12.

Hipparchus, 希帕恰斯, 8-9, 16, 18, 29, 41, 42, 49, 86, 102, 110.

Horst, George, 乔治·霍斯特, 97-98, 104-105.

Hossmann, Andress, 安德里斯·霍斯曼, 参考Osiander.

Ibn al-Haitam (Alhazen), 伊本·阿尔·海塔姆 (阿尔哈增), 26-28.

ibn-Badia (Avempace), 伊本·巴迪亚 (阿芬巴塞) 29.

ibn-Tofail, 伊本·图法伊尔, 参考 Abu Beker ibn-Tofail.

Jacob ben Machir (Prophatius Judaeus), 雅各布·本·麦奇尔 (普罗法蒂乌斯), 27, 28.

Johann Müller of Königsberg, 柯尼斯堡的约翰·米勒, 参考 Regiomontanus.

John of Jandun, 冉丹的让, 43, 49, 60, 67.

John of Sacro-Bosco, 萨克罗·波斯克的让, 参考 Sacro-Bosco, John of.

Junctinus, 琼科蒂努斯, 参考 Giuntini.

Kepler, 开普勒, 67-69, 100-104, 105, 113, 115-117.

Lefèvre d'Etaples, 勒费弗尔·德·埃塔普勒, 56-57, 59, 60, 67, 77, 101.

Leonardo da Vinci, 列奥那多·达·芬奇, xvii-xix, 115.

Lucretius, 卢克莱修斯·皮科洛米尼, 82.

Luther, Martin, 马丁·路德, 88.

Maestlin, Michael, 迈克尔·麦斯特林, 100.

Maimonides, 迈蒙尼德, xxi, 29, 33–35, 67, 77, 84 n, 114.

Mansion, Paul, 保罗·曼森, 4.

Martin, T. H., T. H. 马丁, 4.

Maxwell, J. Clerk, J.克拉克·麦克斯韦, xiii.

Melanchthon Philip, 梅兰希顿·菲利浦, 70, 74–75, 78, 87–90, 97, 98, 106.

Mill, John Stuart, 约翰·斯图尔特·米尔, 21.

Moody, E. A., E.A, 穆迪, 43 n.

Müller, Johann, of Königsberg, 柯尼斯堡的约翰·米勒, 参考 Regiomonatanus.

Müller, Nicolas, 尼古拉斯·穆勒, 67.

Newton, Isaac, 伊萨克·牛顿, 117.

Nicholas of Cusa, 库萨的尼古拉斯, 47, 57–60.

Nicholas of Oresme, 奥雷姆的尼古拉斯, 60.

Nifo, Agostino, 奥古斯丁·尼弗, 48, 53, 63, 65, 110.

Oregio, Agostino, 阿戈斯蒂诺·奥雷吉奥, 110.

Osiander（Andreas Hossmann）, 奥西安德尔（安德里斯·霍斯曼）, 66, 68–70, 74, 77, 79, 81, 83, 87, 91, 92, 97, 98, 100, 103, 106, 107, 110, 113, 116–117.

Perrin, Jean-Baptiste, 让·巴蒂斯特·佩兰, xi.

Peter of Abano, 阿巴诺的彼德（帕多瓦的彼得）, 44–45, 47.

Peucer, Kaspar, 卡斯帕·佩克尔, 74–77, 90–91.

Piccolomini, Alessandro, 亚历山德罗·皮科洛米尼, 81–83, 86, 110.

Pierre, d'Ailly, 德·艾利·皮埃尔, 85.

Plato, 柏拉图, 5–7, 15, 114.

Pliny, 普利尼, 98.

Pontano, Giovanni Gioviano, 乔凡尼·乔维安诺·蓬塔诺, 54–56, 80.

Posidonius, 波希多尼, 10–12, 24, 26, 31, 33, 58, 67, 106.

Proclus Diadochus, 普罗克洛斯·迪亚多丘斯, 15, 18–22, 26, 31, 33, 34, 54–57, 67, 71, 77, 78, 80, 106, 114.

Prophatius Judaeus, 普罗法蒂乌斯·朱达尤斯, see Jacob ben Machir.

Ptolemy, 托勒密, xxi, 16-20, 26-31, 33-45, 47-50, 58, 64, 67, 68, 70, 72, 78, 79, 82, 84, 86, 88, 92, 94-96, 104, 106.

Purbach, Georg（Purbachius）, 乔治·普尔巴赫（普尔巴赫伊乌斯）, 46, 52, 53, 70-71, 78, 80, 87.

Raimarus Ursus 雷莫鲁斯·厄休斯（尼古拉斯·雷莫·贝尔）, 67-68, 101, 103.

Regiomontanus（Johann Müller of Königsberg）, 雷乔蒙塔努斯（柯尼斯堡的约翰·米勒）, 46, 53, 70, 87.

Reinhold, Erasmus, 伊拉斯谟·莱因霍尔德, 70-81, 84, 87, 88, 90, 97, 106.

Renan, Ernest, 欧内斯特·雷南, 29 n.

Rheticus, Joachim, 乔基姆·雷蒂库斯 61, 64-65, 66-68, 71, 100, 101, 105.

Ryemer Baer, 雷莫·贝尔, 参考 Raimarus Ursus.

Sacro-Bosco, John of, 萨克罗·波斯克的约翰, 74, 75, 84, 92, 97.

Schiaparelli, Giovanni, 乔凡尼·斯基帕雷利, 4.

Schreckenfuchs, Erasmus Oswald, 伊拉斯谟·奥斯瓦尔德·施莱恩福克斯, 78-81, 87, 90.

Simplicius, 辛普利西乌斯, 5, 10-11, 22-24, 26, 28, 31, 33, 40, 42-43, 58, 67, 78, 106.

Sosigenes, 索西琴尼, 5, 28.

Sylvester of Prierio, 普列里奥的西尔维斯特, 53.

Thabit ibn-Qurra, 塔比·伊本·库拉, 26-28, 31, 79.

Theon of Smyrna, 士麦那的西昂, 12, 13-16, 18, 27, 67, 103.

Thomas Aquinas, 托马斯·阿奎那, 32, 41-43, 49, 67, 85, 110.

Tycho Brahe, 布拉赫·第谷, 参考 Brahe, Tycho.

Urban Ⅷ 乌尔班八世（Maffeo Barberini）, 110-13, 116.

Ursus, 厄休斯, 参考 Raimarus Ursus.

Vurstisius, 乌斯蒂修斯, 参考 Wursteisen.

Werner, John, 约翰·沃纳, 79, 81.

Wursteisen, Christian, 克里斯蒂·乌斯蒂森, 78, 80-81.

Xenarchus, 齐纳查斯, 28.

**图书在版编目（CIP）数据**

拯救现象：论从柏拉图到伽利略物理学理论的观念 /
（法）皮埃尔·迪昂著；庞晓光译 . —北京：商务印书
馆，2024
（科学人文名著译丛）
ISBN 978-7-100-23537-2

Ⅰ. ①拯… Ⅱ. ①皮… ②庞… Ⅲ. ①科学史学
Ⅳ. ① N09

中国国家版本馆 CIP 数据核字（2024）第 057278 号

科学人文名著译丛
**拯救现象**
论从柏拉图到伽利略物理学理论的观念
〔法〕皮埃尔·迪昂　著
庞晓光　译

商 务 印 书 馆 出 版
（北京王府井大街 36 号　邮政编码 100710）
商 务 印 书 馆 发 行
北京市十月印刷有限公司印刷
ISBN 978 - 7 - 100 - 23537 - 2

2024 年 5 月第 1 版　　　　开本 880×1230　1/32
2024 年 5 月北京第 1 次印刷　印张 6¼

定价：46.00 元